"十三五"国家重点出版物出版规划项目

非常规水源利用与技术丛书

中国水回用发展概论

丁爱中　郭玉静　贾文娟　卞兆勇等　著

U0296381

科学出版社

北　京

内 容 简 介

本书结合水回用的基本知识，梳理水回用的基本概念、途径及特点，总结我国水回用标准和法规的发展历程，并比较各国水回用的标准，对我国及国外水回用的发展历程进行回顾，详细阐述水回用的各项技术，包括工业废水处理、生活污水、油田采出水、矿山排水、热电厂水回用技术等，从农业应用、景观用水、工业利用、城市公用、河流生态、地下水回灌方面分析行业水回用实践的案例，最后介绍水回用的规划，包括相关法律与体制、方案编制、成本与效益分析等内容，展示出我国水回用的发展概况。

本书可作为从事水回用技术和管理的工程技术人员、相关领域的科研与管理人员的工具书。

图书在版编目（CIP）数据

中国水回用发展概论／丁爱中等著. —北京：科学出版社，2022.6

（非常规水源利用与技术丛书）

"十三五"国家重点出版物出版规划项目

ISBN 978-7-03-073290-3

Ⅰ.①中… Ⅱ.①丁… Ⅲ.①再生水–水资源利用–研究–中国 Ⅳ.①TV213.9

中国版本图书馆 CIP 数据核字（2022）第 177776 号

责任编辑：王 倩／责任校对：樊雅琼
责任印制：吴兆东／封面设计：无极书装

科学出版社 出版
北京东黄城根北街 16 号
邮政编码：100717
http://www.sciencep.com

北京九州迅驰传媒文化有限公司 印刷
科学出版社发行 各地新华书店经销
*
2022 年 6 月第 一 版 开本：720×1000 1/16
2023 年 2 月第二次印刷 印张：10 1/2
字数：201 000
定价：138.00 元
（如有印装质量问题，我社负责调换）

前　　言

　　我国是世界上水资源人均占有量较少的国家，人均占有量不足 2200m³，仅为世界平均水平的 1/4。全国 660 多个城市中有 400 多个城市缺水，其中 114 个城市严重缺水。另外，我国的水资源在时间和空间分布上也很不均衡。在时间上，大部分地区每年汛期连续四个月的降水量占全年的 60%~80%，不但容易形成春旱夏涝，而且水资源量中大约有 2/3 形成洪水径流。在空间上，全国水资源有 80.4% 分布在长江流域及其以南地区，人均水资源占有量为 3480m³，水资源相对丰富；长江流域以北地区尤其是黄河、淮河和海河三个流域是我国水资源最为紧张的地区，人均水资源量约 500m³，耕地亩均水资源量少于 400m³。预测到 2030 年我国人口增加到 16 亿时，人均水资源量将降到 1760m³，按照国际上一般公认的标准，人均水资源量少于 1700m³ 为用水紧张的国家。随着经济的快速发展和城市化进程的加速，水资源短缺与水环境污染已成为许多国家经济社会可持续发展的瓶颈，我国未来水资源的形势也是十分严峻的。

　　水回用是解决我国水资源短缺问题的有效途径之一，再生水回用，是将经过深度技术处理，去除杂质、有毒有害物质和重金属离子，进而消菌灭毒，达到国家、地方规定的特定用途水质标准的各种废水，广泛地应用于农业灌溉、企业生产、居民生活和市政杂用等方面。通过水回用可以减少人类社会对新鲜水资源的需求，缓解水资源供需矛盾，还可以减轻人类生产、生活对水环境的影响。

　　本书第 1 章介绍水回用的概念，分析水资源短缺概况，针对水回用需求提出了水回用的未来。第 2 章介绍水回用的标准和法规，并对各国的水回用标准进行比较。第 3 章梳理我国及国外的水回用发展历程，并列举几个案例研究。第 4 章详细介绍水回用技术，包括工业废水处理水回用技术、生活污水水回用技术、油田采出水回用技术、矿山排水回用技术、热电厂水回用技术，以及水和废水中的新兴污染物。第 5 章介绍行业水回用实践，包括农业应用、景观用水、工业利用、城市公用、河流生态和地下水回灌。第 6 章介绍水回用规划，包括相关的法律与体制、环境问题与环境评价等。

　　本书在撰写过程中遵循少而精的原则，力求做到章节层次分明、内容重点突出、概念理论清晰，注重实用性。本书章节编写人员如下：第 1 章由郭玉静、张学真和丁爱中撰写，第 2 章由李小艳和高泽坤撰写，第 3 章由李梦丹和庄钧懿撰写，第4章由刘月崤、马宁和卜兆勇撰写，第5章由贾文娟和丁爱中撰写，第6章由郑蕾、郭玉静和高泽坤撰写。

本书研究工作得到北京市科技计划重大项目课题"凉水河流域水环境治理与生态恢复技术研发与集成（D161100000216001）"和北京市自然科学基金项目"永定河流域生态修复的基础科学研究（Z170004）"的资助。

限于作者水平和经验有限，以及水回用技术的快速发展，因此书中疏漏和不足之处在所难免，恳请读者、同行批评指正。

作　者

2022 年 5 月 20 日

目　　录

前言

第1章　水回用概述 ………………………………………………………………… 1
　1.1　水回用基本知识 ……………………………………………………………… 1
　1.2　水回用理论基础 ……………………………………………………………… 15
　1.3　水资源短缺分析 ……………………………………………………………… 18
　1.4　水回用的要求 ………………………………………………………………… 26
　1.5　水回用存在的困难与建议 …………………………………………………… 29
第2章　水回用标准和法规 ……………………………………………………… 35
　2.1　我国水回用标准和法规的发展历程 ………………………………………… 35
　2.2　不同国家和地区水回用标准比较 …………………………………………… 35
　2.3　特殊水回用考虑的因素 ……………………………………………………… 39
　2.4　间接饮用水回用的管理考虑 ………………………………………………… 40
　2.5　世界卫生组织水回用指南 …………………………………………………… 41
　2.6　我国再生水法规及其未来方向 ……………………………………………… 43
第3章　水回用发展历程 ………………………………………………………… 45
　3.1　水回用的发展历程 …………………………………………………………… 45
　3.2　法律法规对水回用的影响 …………………………………………………… 49
　3.3　北京水回用案例研究 ………………………………………………………… 53
　3.4　西部缺水地区水回用案例研究 ……………………………………………… 56
　3.5　世界其他地区水回用 ………………………………………………………… 58
第4章　水回用技术 ……………………………………………………………… 67
　4.1　工业废水处理水回用技术 …………………………………………………… 67
　4.2　生活污水水回用技术 ………………………………………………………… 79
　4.3　油田采出水回用技术 ………………………………………………………… 87
　4.4　矿山排水回用技术 …………………………………………………………… 92
　4.5　热电厂水回用技术 …………………………………………………………… 94
　4.6　水和废水中的新兴污染物 …………………………………………………… 101

4.7　小结 …………………………………………………………… 103

第5章　行业水回用实践 ……………………………………………… 105

5.1　概述 …………………………………………………………… 105

5.2　农业应用 ……………………………………………………… 108

5.3　景观用水 ……………………………………………………… 118

5.4　工业利用 ……………………………………………………… 123

5.5　城市公用 ……………………………………………………… 127

5.6　河流生态 ……………………………………………………… 130

5.7　地下水回灌 …………………………………………………… 132

第6章　水回用规划 ………………………………………………… 142

6.1　法律与体制 …………………………………………………… 142

6.2　方案编制 ……………………………………………………… 145

6.3　成本与效益分析 ……………………………………………… 146

6.4　市场评估 ……………………………………………………… 146

6.5　环境问题 ……………………………………………………… 148

6.6　环境评价 ……………………………………………………… 150

6.7　公众参与 ……………………………………………………… 151

参考文献 …………………………………………………………… 152

第1章 水回用概述

1.1 水回用基本知识

1.1.1 水回用概念

世界上许多国家都面临着越来越大的淡水供应压力，淡水资源不足以满足其发展需求。随着城市缺水问题的加剧和水净化技术的发展，废水的回收量不断增加，在世界范围内有越来越多的废水被回收处理以用于更多用途。美国、卡塔尔、以色列、沙特阿拉伯、科威特是世界上人均废水再利用量排名前五位的国家（Jimenez and Asano，2008）。在美国，佛罗里达州和加利福尼亚州的再生水使用量最大，景观灌溉对再生水的使用从 2003 年的 44% 迅速增加到 2009 年的 59%（Chen et al.，2013）。在澳大利亚，每年约处理 20 亿 m^3 的市政废水，已处理的 21% 的市政废水得到再利用，其中 14% 用于灌溉。

我国水资源严重贫乏，属世界上 13 个贫水国家之一，人均水资源量仅为世界平均水平的 1/4，存在许多严重的水资源问题，如淡水短缺和分布不均衡（Yi et al.，2011）。我国城市化的迅猛发展一方面大幅增加了城市的用水需求，另一方面也导致水资源污染越发严重。为此，我国制订了相关计划以促进废水的再利用，并使再生水成为全国水资源管理计划中的关键要素。自 20 世纪 80 年代以来，综合废水收集和处理系统以及再生废水的回收利用技术开始逐步发展（Yi et al.，2011）。2010 年，我国再生水产量为 1210 万 t/d，再生水利用率低于 10%。废水回用的环境和经济效益，如减少污染物排放、改善土壤健康和节省成本等，也可以促进中国废水回用的发展（Fan et al.，2013；Chen et al.，2015）。到目前为止，我国污水资源化和回用水平总体不高，但污水回用潜力巨大。随着废水处理技术的进步，再生水的利用潜力正在扩大，与开发成本高且不确定的长距离输水和开采不同，再生水有多种方式应用，被认为是一种本地的、可靠的且成本低得多的水资源（Li et al.，2007）。

1. 再生水回用的概念

水回用是将处理后的废水用于有益目的，包括灌溉、工业用途和饮用水补充。直接回用是指将再生水输送到回用点；间接回用是指将废水排放到接收水（地表水或地下水）中以进行同化，然后从下游抽取。再生水或再循环通常是工业系统中的一个过程，其中废水被回收，经过处理并返回到工业过程中（Asano，1998）。

目前，对于再生水回用还没有统一的标准说法，通常认为，再生水回用是以污水处理厂二级出水、工业废水或建筑污水和废水等为原水，经深度处理后被重新利用的水资源，深度处理过程中，污水和废水中的各种污染物经物理、化学及生物化学等方法被分离、去除，水质指标达到不同的回用标准，使得被处理后的水在功能上重新具备水资源的特点和属性。

2. 中水的概念

"中水"（reclaimed water）一词于 20 世纪 80 年代末起源于日本，主要是指城市内一个小区或确定的大型建筑物系统内的污水经处理后达到一定的水质标准，成为可在一定范围内重复使用的非饮用水。它以处理后达到的水质标准为依据，水质位于生活自来水（上水）与排水管道内污水（下水）之间，故名为"中水"。中水的定义有多种解释，在污水治理工程方面被称为"再生水"，工厂、企业方面被称为"回用水"或"循环水"，一般以水质作为区分的标志（潘志伟等，2017；钱茜和王玉秋，2003）。

我国相关规范性文件对中水的定义也各不相同：

（1）《建筑中水设计标准》（GB 50336—2018）将"中水"定义为：各种排水经处理后，达到规定的水质标准，可在生活、市政、环境等范围内利用的非饮用水。

（2）《城市中水设施管理暂行办法》将"中水"定义为：部分生活优质杂排水经处理净化后，达到《生活杂用水水质标准》，可在一定范围内重复使用的非饮用水。

（3）《海南经济特区水条例》（2004）将"中水"定义为：污水经处理达到一定的水质标准，可以在一定范围内重复使用的非饮用水。

从规范性文件中可以看出再生水和中水的概念并不相同。第一，中水的水源主要是生活污水，再生水的水源则比较广泛；第二，中水是再生水的一种，是再生水中水质较高的部分；第三，再生水的用途比中水更广泛。

3. 再生水的概念

再生水被定义为由给定用户产生的废水经回收利用后，以供同一用户现场使用的水资源，如工业生产过程中在闭环循环系统中的水（Asano and Levine，1996）。近年来，再生水还有其他更综合性的定义。例如，《加利福尼亚州水法典》将其定义为经过废水处理而适用于直接有益用途或受控用途的水，而这种水在其他情况下不会产生（State of California，2003）。此外，Asano 和 Bahri（2011）指出，水再生（water reclamation）是对废水的处理或加工，以使其可重复利用，而水循环再利用（water recycling and reuse）是将废水用于各种有益的方式，如农业、工业或住宅用途。在澳大利亚，"水回用"（water recycling）一词被认为是水再生与回用（water reclamation and reuse）的首选术语。再生水（recycled water）的来源是来自之前用途的废水，包括灰水、黑水、市政废水或工业废水，再生水可以包含任何或所有这些水。

根据美国国家环境保护局（USEPA）发布的《污水回用指南2012》（2012 Guidelines for Water Reuse），再生水（reclaimed water/recycled water）是指经过处理以达到某些特定的水质标准而可用于满足一系列生产、使用用途的城市污水（United States Environmental Protection Agency，2012）。

我国的《城市污水再生利用 工业用水水质》（GB/T 19923—2005）明确指出，再生水系指污水经适当再生工艺处理后，达到一定的水质标准，满足某种使用功能要求，可以进行有益使用的水。《城镇污水再生利用工程设计规范》（GB50335—2016）明确指出，污水再生（wastewater reclamation）是对污水采用物理、化学、生物等方法进行净化，使水质达到利用要求的过程。

我国相关规范性文件对再生水的定义：

（1）《山东省节约用水办法》（2003 年）则对"再生水"和"中水"进行了区分。再生水，是指污水和废水经过处理，水质得到改善，回收后可以在一定范围内使用的非饮用水。中水，是指污水和废水经净化处理后，达到国家《生活杂用水水质标准》或者《工业用水水质标准》，可在一定范围内重复使用的再生水。

（2）《青岛市城市再生水利用管理办法》（2003 年）将"再生水"定义为：城市污水和废水经净化处理，水质改善后达到国家城市污水再生利用标准，可在一定范围内使用的非饮用水。再生水主要用于景观环境、园林绿化、厕所冲洗、道路清洁、车辆冲洗、建设施工、工业生产等可以接受其水质标准的用水。

（3）《城市污水再生利用技术政策》（2006 年）将"再生水"定义为：经过城市污水再生处理系统充分可靠的净化处理、满足特定用水途径的水质标准或水质要求的净化处理水。这个概念强调了再生水的来源是城市污水，目标要达到相应的水质标准和水质要求，以满足特定的水质用途。该技术政策中的再生水直接利用指城市景观用水、城市杂用水和工业用水等用水途径，不包括生态环境用水等用水途径。

（4）《银川市再生水利用管理办法》（2007 年）将"再生水"定义为：城市污水和废水经过净化处理，水质改善后达到国家城市污水再生利用标准，可在一定范围内使用的非饮用水。

（5）《哈尔滨市再生水利用管理办法》（2017 年）将"再生水"定义为：污水经过净化工艺处理后，达到国家规定的水质标准，可以在生活、市政、工业、环境等范围内使用的非饮用水。

（6）《西安市城市污水处理和再生水利用条例》（2012 年）将"再生水"定义为：城市雨水、污水等经收集处理后，达到国家或地方规定的相关水质标准，可在一定范围内使用的净化处理水。这个概念强调的是再生水的来源是城市雨水、污水，目标要达到国家或地方规定的相关水质标准，以满足一定范围内的使用。

（7）《包头市再生水管理办法》（2012 年）将"再生水"定义为：城市污水经专业生产运营单位集中处理净化后达到国家规定相关水质标准，可以在一定范围内使用的非饮用水。

（8）《天津市再生水利用管理办法》（2020 年）将"再生水"定义为：污水经再生工艺处理后达到不同水质标准，满足相应使用功能，可以进行使用的非饮用水，包括污水处理厂达标再生水和深处理再生水。

（9）《合肥市再生水利用管理办法》（2018 年）将"城市再生水"定义为：污水经再生工艺净化处理后，达到国家和省规定的相关水质标准，可以在景观环境、工业生产、城市绿化、道路清扫、建筑施工等方面使用的非饮用水。

（10）《邯郸市城市再生水利用管理办法》（2019 年）将"再生水"定义为：城市污水和废水经净化处理后，达到国家及行业水质标准，可直接或间接在一定范围内使用的非饮用水。

（11）《沈阳市再生水利用管理办法》（2019 年）将"再生水"定义为：对经过或者未经过污水处理厂处理的集纳雨水、工业排水、生活排水进行适当处理，达到规定水质标准，可以被再次利用的水。

（12）《呼和浩特市再生水利用管理条例》（2019 年）将"再生水"定义为：雨水、施工降水、污水经净化处理后，水质达到国家再生水水质标准，可在一定范围内重复使用的非饮用水。

综上，我国的规范性文件对再生水的定义各不相同，但都对其水源、水质标准和使用范围等进行了界定。《山东省节约用水办法》（2003 年）明确指出中水是可在一定范围内重复使用的再生水，这表明中水包含于再生水之中，是一种再生水。

4. 再生水与中水的概念辨析

中水是指生活和工业所排放的污水经过一定的技术处理后，达到一定的水质标准，回用于对水质要求不高的农业灌溉、市政园林绿化、车辆冲洗、建筑内部冲厕、景观用水及工业循环冷却水等（万炜，2010；宋俊红，2010）。

在污水工程方面，中水主要是指生活污水经过处理后达到规定的水质标准，可在一定范围内重复使用的非饮用水。中水的水质标准低于饮用水水质标准，但高于一般再生水水质标准，故称"中水"。一般而言，再生水处理可分为预处理、一级处理、二级处理和三级处理，处理后的程度不同，水质状况不同。再生水在二级处理的基础上增加三级处理，处理后的水质状况更好，用途更广。在某些情况下，经过二级处理的水质标准达标，能够满足使用需求而且已经回用的，这些二级处理水也属于再生水。显然，中水的水质要求比再生水要高。

综上，我们认为，再生水的范围比中水更为广泛，中水是一种再生水，是再生水中水质较高的部分。

1.1.2 水回用途径

不同国家对于再生水的回用途径分类也不尽相同。从我国现行的再生水标准来看，主要执行《城市污水再生利用　分类》（GB/T 18919—2002）和《再生水水质标准分析》（SL 368—2006）。根据中国再生水主要利用方向，将再生水用途分为城市杂用水、景观环境用水、工业用水、地下水回灌和农业用水五大类。同时，截至目前，我国已颁布了四个推荐性国家水质标准（《城市污水再生利用　城市杂用水水质》（GB/T 18920—2020）《城市污水再生利用　景观环境用水水质》（GB/T 18921—2019）《城市污水再生利用　工业用水水质》（GB/T 19923—2003）《城市污水再生利用　地下水回灌水质》（GB/T 19772—2005））和一个强制性国家水质标准（《城市污水再生利用　农田灌溉用水水质》（GB 20922—2007）），具体如表 1-1 所示。

1. 城市杂用水

《城市污水再生利用　分类》（GB/T 18919—2002），将城市杂用水分为城市绿化、冲厕、道路清扫、车辆冲洗、建筑施工、消防六个类别，每个类别分别规定水质要求。随着处理水平的提升、与现行污水处理厂尾排放标准的协调，原有的部分不同水质类别之间的差异已经不再有区别的意义，而城市杂用水往往要针对多种用途进行利用，因此对水质类别适度归并和简化。修订后的《城市污水再生利用 城市杂用水标准》（GB/T 18920—2020）将水质类别归并为两类：第一类冲厕、车辆冲洗，第二类城市绿化、道路清扫、消防、建筑施工，其中城市绿化的特殊要求单独标注。

表 1-1 我国再生水水质标准

项目	水质指标数量	标准类别	发布时间	实施时间	发布部门	同时废止标准
《城市污水再生利用 城市杂用水水质》（GB/T 18920—2020）	13 项	推荐性国家指标	2020 年 3 月 31 日发布	2021 年 2 月 1 日实施	国家市场监督管理总局、国家标准化管理委员会	《城市污水再生利用 城市杂用水水质》（GB/T 18920—2002）
《城市污水再生利用 景观环境用水水质》（GB/T 18921—2019）	基本控制指标 14 项、选择控制项目 50 项	推荐性国家标准	2019 年 6 月 4 日	2020 年 5 月 1 日	国家市场监督管理总局	《再生水回用于景观水体的水质标准》（CJ/T 95—2000），对 GB/T 18921—2002 的修订
《城市污水再生利用 工业用水水质》（GB/T 19923—2005）	基本控制指标 20 项	推荐性国家标准	2005 年 9 月 28 日	2006 年 4 月 1 日	中华人民共和国国家质量监督检验检疫总局	首次发布
《城市污水再生利用 地下水回灌水质》（GB/T 19772—2005）	基本控制项目 21 项、选择控制项目 52 项	推荐性国家标准	2005 年 5 月 25 日	2005 年 11 月 1 日	中华人民共和国国家质量监督检验检疫总局、中国国家标准化管理委员会	首次发布

项目	水质指标数量	标准类别	发布时间	实施时间	发布部门	同时废止标准
《城市污水再生利用 农田灌溉用水水质》（GB 20922—2007）	基本控制项目 19 项、选择控制项目 17 项	强制性国家标准	2007 年 4 月 6 日	2007 年 10 月 1 日	中华人民共和国国家质量监督检验检疫总局、中国国家标准化管理委员会	首次发布
《城市污水再生利用 绿地灌溉水质》（GB/T 25499—2010）	基本控制项目 12 项、选择控制项目 22 项	强制性国家标准	2010 年 12 月 1 日	2011 年 9 月 1 日	中华人民共和国国家质量监督检验检疫总局、中国国家标准化管理委员会	首次发布

现行标准包括 pH、色度、嗅、浊度、五日生化需氧量、氨氮、阴离子表面活性剂、铁、锰、溶解性总固体、溶解氧、总余氯、总大肠菌群等 13 个指标项目。其中两个指标项目有所变化：①总余氯依 GB/T 5750—2006 的规定更名为总氯；②指标项目总大肠菌群调整为大肠埃希氏菌（Escherichiacoli），指标限值也相应调整。城市杂用水的指示微生物常用大肠埃希氏菌、粪大肠菌、总大肠菌。增加选择性控制指标，指标项目包括氯化物、硫酸盐。其中氯化物针对城市绿化及管道腐蚀设置，硫酸盐针对管道腐蚀问题设置。相关指标总体上与发达国家在同一水平线，而消毒和病原生物指标处于较为严格的行列；并强化了标识，精简了采样监测频率的种类。修订后的标准可操作性更强。

2. 景观环境用水

城市污水回用于城市河道、湖泊用水也是较为普遍的一种回用方式。城市河道按其主要功能可分为水源河道、景观河道和排水河道三类。水源河道对水质要求较高，污水经过处理后排入水体。其水质应符合《地表水环境质量标准》（GB 3838—2002）中Ⅲ类要求。《城市污水回用设计规范》给出了污水回用于市区景观河道用水的建议水质指标。排水河道一般处于城市下游，往往还担负着为农业灌溉输水的任务，此类水体对水质要求较低，其水质应满足农业灌溉用水的水质要求。

根据《城市污水再生利用 景观环境用水水质》（GB/T 18921—2019）标

准，景观环境用水包括观赏性景观环境用水、娱乐性景观环境用水和水景类用水，水体分为河道类水体和湖泊类水体。景观环境用水水质标准与《城镇污水处理厂污染物排放标准》（GB 18918—2002）主要水质指标为生化需氧量（BOD）、固体悬浮物（SS）、氨氮、总氮（TN）、总磷（TP）、浊度、粪大肠杆菌等。景观环境用水的关键是控制富营养化。因此，需尽可能降低再生水中氮、磷含量，同时必须保持水体的流速。景观环境用水标准中要求：①再生水厂水源宜选用生活污水，或不含重污染、有毒有害工业废水的城市污水。②完全使用再生水，水体温度大于25℃时，景观湖泊类水体水力停留时间不宜大于10d；水体温度不大于25℃或再生水补水实际总磷浓度低于0.5mg/L时，水体水力停留时间可延长。③使用再生水的景观水体和景观湿地中宜培育适宜的水生植物并定期收获处置。④以再生水作为景观湿地环境用水，应考虑盐度及其累积作用对植物生长的潜在影响，选择耐盐植物或采取控盐降碱措施。⑤利用过程中，应注意景观水体的底泥淤积和水质变化情况，并应进行定期底泥清除。

污水回用于景观娱乐用水时，其基本的水质指标是细菌数、化学物质、浊度、溶解氧（DO）和pH等。对于人直接接触的娱乐用水，再生水不应含有毒、有刺激性物质和病原微生物，其对健康的潜在危害包括水传播肠道传染病，以及上呼吸道、耳、鼻、眼的传染病，有毒化学物质被游泳者咽下或刺激人的皮肤、眼睛等。通常要求再生水经过过滤和充分消毒后才可回用作娱乐用水，其中大肠杆菌数不得超过100个/mL。

由于国外再生水处理工艺中对营养盐去除能力较强，因此在再生水回用于景观环境用水的水质标准中对营养盐未做要求，水质指标主要从水体的感观指标（包括浊度、色度、悬浮物浓度）以及卫生学方面进行要求。与国外再生水回用于景观环境用水的相关水质标准相比，国内的水质指标除了包括水体的感观指标和卫生学指标外，对氮、磷营养盐等污染物的含量也提出了要求。

3. 工业用水

工业水回用包括两个方面：一是本厂的水回用，可提高水的循环利用率；二是用处理后的污水代替自来水。污水处理后供工业使用，应具有较高的安全性、可靠性和稳定性，一般主要控制pH、悬浮物量、化学需氧量（COD）、硬度与含盐量，以防止设备腐蚀、结垢、产生黏膜（生物垢）堵塞、泡沫和人体健康危害等不利的影响。

根据《城市污水再生利用　工业用水水质》（GB/T 19923—2005）标准，工业用水包括冷却用水、洗涤用水、锅炉用水、工艺用水与产品用水。比较工业用水水质标准与《城镇污水处理厂污染物排放标准》（GB 18918—2002），可得出以下结论：主要水质指标如化学需氧量 COD_{Cr}、生化需氧量、氨氮和总磷等；污水处理厂一级 A 排放标准可满足工业用水水质要求。一级 B 排放标准中 BOD 指标不满足敞开式循环冷却水系统补水、锅炉补给水、工业与产品用水，尚需后续回用处理去除 BOD 约 50%；水温≤12℃时，不满足敞开式循环冷却水系统补水、锅炉补给水、工业与产品用水中的氨氮要求，尚需后续处理去除氨氮 20% 以上。二级排放标准中 COD_{Cr}、BOD、氨氮和 TP 等指标明显不满足回用于工业用水的水质要求，需要回用工艺中对其进行去除。

再生水利用与冷却用水和锅炉补水时，若水质不能满足要求，将会影响系统的运行，导致结垢、腐蚀、生物增长等。结垢是残余的有机物、钙及镁盐的沉积造成的。再生水中的总溶解固体（TDS）、溶解性气体及高氧化态金属会导致锅炉和冷却系统腐蚀。此时，为防止结垢和腐蚀，还应对铁、锰、氯、二氧化硅含量，以及硬度、碱度、硫盐、TDS 和粪大肠菌群数进行控制。

4. 农业用水

我国污水回用于农业灌溉已相当普遍，就回用水的安全可靠性而言，污水回用于农业灌溉的安全性是最高的，对其水质的基本要求也相对容易达到。污水回用于农业灌溉的水质要求主要包括含盐量、选择性离子毒性、氮、重碳酸盐、pH 等。原污水一般不允许以任何形式用于灌溉，一方面是感官上不好，另一方面是粪便聚集于农田可能直接影响农民健康或通过灰蝇、灌溉产生的气溶胶传播病原体。此外，虽然阳光照射会使附着于蔬菜表面的细菌、原生动物和蠕虫等很快死亡，但位于蔬菜叶子内部、茎的开裂处或潮湿的下层土壤中的病原体会残留较长时间。因此，未经消毒的污水只允许灌溉经济作物、种子类作物、苗木与其他人类不直接接触的农作物。

污水回用于农业用水也包括回用于渔业用水。渔业分娱乐渔场与商品生产渔场两类，污水回用主要是用于娱乐渔场，其水质条件也要满足渔业用水水质的基本要求。影响污水回用于渔业的主要因素是水的氨氮浓度、病原体（如血吸虫）、TDS、DO 与 pH 等。如果鱼是捕捞供人类食用的，还应考虑重金属和有毒、有害有机物（如农药）等，防止有毒化学物质的积累与产生异味等问题。

5. 地下水回灌

城市污水处理后回灌地下水，促进水体置换，补给地下水资源，防止地面沉降、海水及苦咸水入侵，并补充地表水（包括雨水和再生水）。地下水回灌可以直接注水到含水层或利用回灌水池。回灌再生水可用于农业、工业以及用于建立水利屏障。虽然再生水是经过处理之后达到特定水质指标的水源，但由于经济和技术的原因，再生水中的污染物质并没有被完全去除，仍含有较高的全盐量、多种毒性痕量物质（重金属、有机污染物等）和病原体。因此用再生水回灌地下水必须注意回灌对地下水盐分、氮素、重金属、有机污染物、病菌等指标的影响。目前痕量有机污染物比无机或微生物污染物威胁更大，有机化学污染物通过实验室动物试验具有致癌性和致变性。污水回用于地下水回灌，其水质一般应满足以下几个条件：①不会引起地下水水质恶化；②不会使注水井和含水层堵塞；③不腐蚀注水系统的机械设备。

1.1.3 水回用特点

1. 水量可靠性较高

由于水源是城市排放的污水，其供应量充足，尤其是随着我国城市化、工业化进程的加快，城市用水量的快速增加必然导致排污量的增加。

2. 水质的好坏取决于处理工艺选择和技术水平

城市污水必须经过一定的再生工艺处理，在达到规定的水质要求后才能回用，水质受处理工艺和技术的影响很大，采用深度处理工艺和技术的回用水较传统处理工艺和技术的水质更好。

3. 用途具有一定的局限性

受污水质量、处理工艺和技术水平以及经济条件的限制，再生水水质具有不稳定性，因而其用途具有一定的局限性，主要用于景观用水、工业用水等，并且受用户限制，发展城市污水处理回用必须"以需定供"。

4. 再生水产品和服务存在较大的安全风险

由于污水中含有很多有害物质，受技术发展水平和人类认知能力所限，经处理后的再生水很难完全恢复到优质淡水水平，尤其是可监测的水质指标数目少，再生水水质标准与污水处理水质标准缺乏衔接，再生水存在较大的安全风险是由其水质状况决定的。

5. 提供再生水产品和服务具有准公益性

尽管再生水是商品水，但由于城市污水处理回用设施建设一次性投资大，需要兴建处理厂和安装昂贵的处理设备，还需要建设输配水管网，而对应的用户市场因产品的潜在风险先天存在发育不良，效益成本比很低使再生水产品和服务缺乏竞争性，因而再生水生产企业自我运行和市场竞争的能力较弱。

再生水是城市的第二水源，城市污水再生利用是提高水资源综合利用率，减轻水体污染的有效途径之一。和海水淡化、跨流域调水相比，再生水具有明显的优势。从经济的角度看，再生水的成本最低，为 1 ~ 3 元/t，而海水淡化的成本为 5 ~ 7 元/t，跨流域调水的成本为 5 ~ 20 元/t。从环保的角度看，污水再生利用有助于改善生态环境，实现水生态的良性循环，污水的再生利用和资源化具有可观的社会效益、环境效益和经济效益，可提高水资源重复利用率，解决城市水危机，促进水资源可持续循环利用，是处理城市水资源缺乏的一条重要途径。

再生水的用途相当广泛，由于再生水水源不尽相同，再生水的用途也不尽相同。

随着中国社会经济的发展，再生水回用率这项指标逐渐纳入环保、水务、水资源等规划目标之中，显示出各级政府对再生水回用的日益重视。受我国再生水政策的影响，目前各地区再生水主要回用于工业用水、农林牧业用水、景观用水以及回灌地下水等方面。

根据住房和城乡建设部《中国城镇排水与污水处理状况公报（2006—2010）》，2010 年全国再生水生产能力达 1209 万 m³/d，2010 年全国再生水利用总量已达到 33.7 亿 m³，约占当年污水处理量的 10%。2010 年各省（区、市）城镇污水处理再生利用量与利用率如图 1-1 所示①。

根据《2020 年中国城市建设统计年鉴》，截至 2020 年，我国污水处理厂的处理能力为 19267.1 万 m³/d，排水管道长度为 80.27 万 km，污水处理量为 557.278 亿 m³，污水处理率为 97.53%。从图 1-2 可以看出，我国污水处理率由 2001 年的 36.43% 增加到 2020 年的 97.53%，污水处理能力显著提升。从图 1-3 可以看出，全国各省（区、市）的污水处理率均在 95% 以上，污水处理率最高的地区是山西，为 99.60%。

1.1.4 水回用难点

当前水回用存在着理论、技术、工程、管理方面的困难，具体如下。

1. 理论

我国的规范性文件对再生水的定义各不相同，目前只是在一直提倡使用再生

---

① 暂不含港澳台数据，全书同。

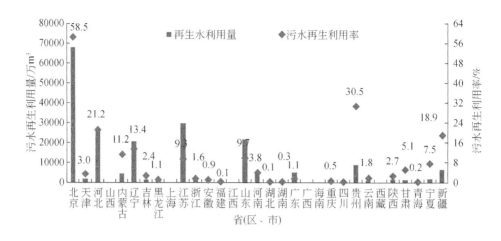

图1-1 2010年各省（区、市）城镇污水处理再生利用量与利用率

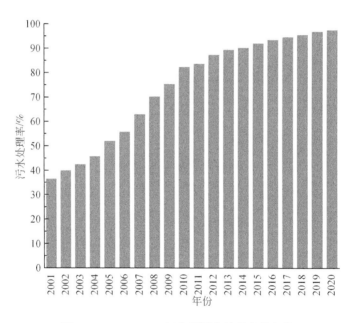

图1-2 2001~2020年全国污水处理率的变化

水、中水，却没有一个完善的法规对使用再生水和中水的用户进行严格规定，理论上还未形成统一共识，导致效果不明显。

目前国家没有针对污水回用的相关支持和保证政策。城市规划部门对污水回用没有详尽的规划，相关主管部门也没有相应的工作要求、强有力的政策保证和有效的管理机制，使污水回用得不到连续有效的贯彻实施。我国各级政府的规划

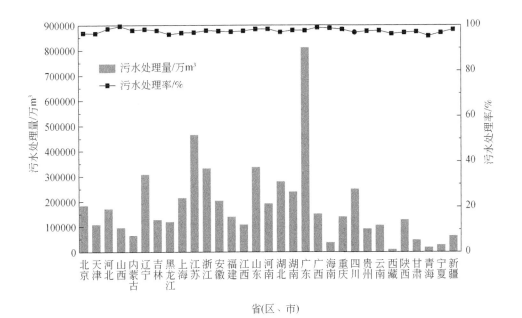

图 1-3　2020 年各省（区、市）污水处理量与污水处理率

管理部门应充分认识我国的水资源危机状况，并制订相应的近、远期的水资源再生利用规划，加强忧患意识，从保持可持续发展的思维角度制定水资源的开发利用政策，并通过强有力的行政手段保证政策的贯彻实施，逐步减少高质水低用现象；另外对实现污水回用的企业，政府应给予政策的支持或财政补贴，以鼓励更多的企业进行污水回用。

2. 技术

再生水采用的技术直接影响着再生水的供水能力，如膜组合工艺，由于超滤膜、反渗透等技术造价、运行成本较高，运行维护要求也高，特别是反渗透技术还面临着膜污染和反渗透浓水污染的问题，这些因素都制约着膜组合工艺法再生水厂的大规模使用。

3. 工程

再生水作为一种新的水源，需要铺设单独的管道才能加以利用，因此，再生水利用要建设另一套给排水系统。如果管网建设滞后，将在一定程度上制约再生水的使用。在传统的规划模式下，为了减少对环境的影响，污水处理厂多建在城市的下游，再生水厂都是依托污水处理厂而兴建的。如果要从下游将再生水输送到中游，甚至上游的用户，要建设很长的再生水管线，不仅增加了难度，也增加了建设和运行成本。管网建设的滞后，适应不了再生水的快速发展，已经成为制约再生水利用的一个最重要的因素之一。一些城市再生水生产能力很高但发挥不出来，造成大量再生水设施闲置，面临着再生水设施"晒太阳""有水送不出"的问题。以青岛市为例，2015 年上半年青岛市每天可转化再生水约为 70 万 m^3，而平均每天再生水的回用量只有 5 万 m^3，不足生产量的 10%，而生产出来的大部分再生水只能冲入大海，再生水资源得不到有效利用的同时，也浪费了大量的财力、人力和物力。

同时，在老城区新建再生水管网还面临着要破坏现有管网系统的问题。目前城市道路的管网布局基本上已经被污水、雨水管线占据，如果再增设中水管线，不仅会破坏目前的管线，还会造成资金的浪费。一些城市利用中水只能依靠运水车，不仅会提高再生水利用的综合成本，也在一定程度上限制了再生水的发展规模和使用范围。对于用户来说，尽管再生水价格便宜，但运费较高，每吨水的综合成本也会比较高，故再生水不具备综合优势。

4. 管理

1）再生水厂良性运行的影响

建好管好用好再生水设施，使其正常和长期发挥作用，是促进再生水工作发展的前提。中国再生水设施在实际运行管理中存在一些弊端：一方面，由于再生水用户有限，再生水厂供水能力普遍达不到设计标准，设施得不到充分利用。另一方面，由于再生水用户有限，供水规模小，工程的运行成本高，单方水运行成本相对较大。工程供水成本较高，如果按照供水成本收费，再生水水价将高于自来水水价，用户使用再生水的积极性就会更弱。如果制定较低的供水价格，但供水单位的运行成本又没有补偿渠道的话，将使得水厂按成本收缴水费十分困难。工程运行管理费用严重不足。一般情况下，再生水设施一次性建设投入较自来水高 2~5 倍，且日常运行成本又高于自来水，如果再生水没有市场的话，将使再生水厂面临运行困难的局面。

2）建设、投资、运营体制尚未理顺，缺乏前瞻统筹

当前在再生水设施建设、投资、体制方面，初步形成了一定的模式雏形，但仍然属于原发自然形成状态，缺乏深层次统筹考虑。精力只集中在建设上，建设、投资与运营体制关系，以及运作模式没有进行准确合理的定位与规范。从长远的发展角度看，不利于行业健康、协调、有序的发展。

3）现行城市自来水价格过低

当前我国自来水价格明显偏低，在某些地区甚至不能补偿制水和供水成本，这不仅造成水资源的浪费和供水工程建设与维护的不足，同时也限制再生水回用事业的发展。自来水的低价格使得再生水难以体现出价格优势，甚至难以使供给再生水所得的收入弥补其全部生产成本。此外，在我国，再生水的定价一般都缺乏明确、合理的标准，定价过程表现出很大的随意性和主观性，这种不合理的价格显然限制了再生水回用事业的发展。

另外，完善的监督管理体系是再生水项目健康、可持续运营的核心，法律法规是健全管理体系的基本保障。

1.2 水回用理论基础

1.2.1 外部性理论

外部性理论发展较晚，从提出至今尚不到 100 年的时间，英文原意为"externality/externalities"，译为"外部效应"或"外部化"。外部性理论始于 1890 年马歇尔在《经济学原理》中提出的"外部经济"，文中写道："对于经济中出现的生产规模扩大，我们是否可以把它区分为两种类型，第一类，即生产的扩大依赖于产业的普遍发展；第二类，即生产的扩大来源于单个企业自身资源组织和管理的效率。我们把前一类称作'外部经济'，将后一类称作'内部经济'（马歇尔，1981）。外部性理论认为，企业所产生的收益并不仅仅为企业所占有。其含义为个人或团体的决策和行为对其他主体产生影响，而这种有益影响和有害影响并没有造成外部性的个人或团体增加收益和付出成本，是一种经济活动主体对另一种经济活动主体"非市场性"的附带影响。

再生水项目是一种开源节流、保护生态环境的准公益性项目。再生水回用不仅具有经济效益，还具有促进城市发展、提升城市居民生活水平与减轻水体污染等巨大社会效益以及环境效益，具有外部性特征（翟晓亮和臧永强，2019；肖健，2008）。

1.2.2 环境经济学理论

因环境污染所产生的环境经济学理论在 1970 年之后逐渐完善，旨在计算环境的经济价值，尝试通过环境经济规律阻止环境的进一步恶化。对环境经济问题的重视主要因为它可以使经济工业与环境资源的关系协调发展，有利于维护经济健康稳定增长，有助于为政府经济社会发展规划等经济政策提供依据。我国近年来随着社会经济的不断发展，环境问题也随之而来，为实现环境、科技、经济的协调发展，必须兼顾短期和长期的影响，近年来已颁布诸多相关政策治理并改善环境问题。例如，在国民经济核算中增加环境评价、通过政府补贴等优惠贷款计算环境资源，实现资源的高效利用，促进社会经济内部化。再生水的环境经济表现为生态效益的测算。

1.2.3　循环经济理论

　　循环经济是解决环境可持续性的最新方法之一（Chen，2020）。循环经济包括三个主要原则：减量化、再利用和再循环（reduction，reuse and recycling，3R）的 3R 原则（Reh，2013）。3R 原则有效地减轻了全球资源储备的压力，从而促进了可持续发展（Jawahir and Bradley，2016）。

　　减量化原则旨在通过提高生产和消费过程的效率来最大限度地减少一次性能源、原材料的投入，例如使用效率更高的家用电器、使用简化的包装、整合新技术和开发小巧轻便的产品。减量的目标是为生产的价值单位使用更少的资源，或者用危害较小的物质代替更大比例的有害物质。因此，就偏好而言，"减量"在废物管理备选办法的层次结构中名列前茅。从建筑行业的角度来看，减量原则可以在施工前阶段付诸实践。通过设计废物，可以最大限度地减少已建设施使用寿命结束时产生的废物。此外，标准化和模块化的建筑设计将确保在施工过程中产生最少的废物。因此，重要的是在设计阶段仔细开发设计，以避免在施工开始后对设计进行任何更改。

　　再利用原则主张对非废物的任何产品或组件进行再利用，并将其再次用于最初使用的相同目的，并进一步提出了行业间的关系，其中一个行业的副产品和废物可以成为另一行业的资源和原材料。经验证据表明，材料再利用在建筑行业受到高度限制。一项关于印度尼西亚建筑业中循环经济应用的研究表明，在所研究的建筑工地中，只有约 36% 的工地进行了材料再利用。如果在建设项目的施工前阶段考虑到再利用的机会，这些材料本可以再利用，而不是将其用于填埋。

　　3R 原则下的第三个原则是再循环。再循环利用用于循环具有可用价值的资源，从而减少需要处理或处置的废物。然而，尽管再循环是与循环经济最密切相关的原则，但与其他原则（如减量和再利用）相比，在考虑其资源效率和盈利能力时，其可持续性较差。这是因为再循环需要安装专门的循环设施，并且需要更多的能源和人力资源来成功实施循环过程。因此，在首选废物管理备选方案的废物管理层级中，再循环占据较低的位置。此外，循环的可能性也受到自然（熵定律）、材料复杂性和操纵的限制。

　　再生水符合循环经济理论。循环经济自提出以来，经历了很长的发展历程，由原始的资源生成产品变为废弃物的开放性转化路径，转变为资源生成产品然后产品消耗后经处理变为再生资源的闭环转化路径，这两种方式的区别在于资源来源是由最初的依赖资源消耗，发展为利用资源循环最终转化为资源，这种生产思想是可持续发展理念的核心所在（李卓和孙开智，2013）。再生水顾名思义是将已使用的水资源循环再生利用。循环经济视资源、环境的保护和经济、社会的发展同样重要，针对各项经济生产活动可能产生的外部资源环境成本进行及时严格的提前控制与预防，并且有效地转化循环利用，有利于避免外部成本的产生。

1.2.4　可持续发展理论

　　2021 年 8 月，政府间气候变化专门委员会发布了一份重要报告，综合了气候变化的状态和前景的最新物理科学。该文件以鲜明的结论引起了公众的广泛关注，该文件预测，即使立即减少温室气体排放，也无法阻止全球地表温度的持续上升和极端天气事件，至少要等到本世纪中叶（IPCC，2021）。据报道，该报告的主要作者 Paulo Artaxo 评论报告中描绘的黯淡未来时说：“我们正在对下一代人造成如此严重的破坏，这肯定会使未来的社会经济困难比我们这一代人严重得多”（Reuters，2021）。在联合国大会主席玛丽亚·费尔南达·埃斯皮诺萨·加尔塞斯（MaríaFernanda Espinosa Garcés）在 2019 年正式讲话中说：“我们是能够防止对地球及其居民造成无法弥补的损害的最后一代人”（Garcés，2019）。

　　再生水回用的可持续发展内涵，指的是使用水资源时需考虑到周围其他地区和后代人的水需求能力，合理利用水资源，不能对这些人群的水资源需求造成威胁。具体表现在以下两个方面：①适度取之。仅仅利用水资源，不影响它的另外相关功能发挥，且不损耗其价值。②代际公平。不影响后人对水资源的需求和利用。

　　当代社会城镇化与科技发展的不断推进，现有的水资源污染与短缺问题已经严重威胁了可持续发展社会的稳定。作为当代水资源可持续利用的重要手段，再生水回用是社会持续发展的核心环节，更是实现经济可持续发展的重要环节。再节水减排是水资源可持续利用的基础，积极推进政府的节约型城市建设，对于当代可持续发展的工作具有一定帮助。尽管我国的水资源短缺在不断努力之下已有所改善，但若考虑长远发展，仍然有缺水的极大威胁。因此，鼓励再生水回用的行为是符合可持续发展理论并响应国家发展理念的。

1.3 水资源短缺分析

1.3.1 全球水资源短缺概况

全球水的总储量为 138.6 亿 km^3，其中 96.5% 在海洋中，大约覆盖地球总面积的 71%，水在陆地上、大气和生物体中只占很少一部分，可供人类利用的淡水所占比例极小（2.5%），且其中 87% 储存于两极冰盖、高山冰川、永冻地带和深度 750m 以上的地下层，而便于取用的河水、湖泊水及浅层地下水等淡水资源仅仅约为地球水总储量的 0.26%。随着人类社会的进步和经济的迅速发展，世界人口日益增多，人类活动干扰强度的加大，导致环境日益恶化，水资源污染及浪费严重，使世界水资源严重匮乏。世界的淡水量分布极不平衡，亚马孙河流域、南亚和东南亚降水量充沛，淡水资源充足，而中东、北非、中亚北部和澳大利亚中部降水量很少，淡水资源缺乏。60% 以上的淡水集中分布在 10 个国家，如俄罗斯、美国、加拿大、印度尼西亚、哥伦比亚等，而占世界人口总量 40% 的 80 多个国家水资源匮乏，其中有近 30 个国家为严重缺水国。全球水资源的另一个重大问题是水质下降，其原因是工业废水和生活污水排放引起的水体富营养化。另外，污染物可对人体健康产生危害。水质下降造成的经济损失、生态破坏和健康损害极为严重。2001 年 3 月在海牙召开的第二届世界水资源论坛部长级会议上，21 世纪世界水事委员会报告提到，目前全球有 10 亿~11 亿人没有用上洁净水，有 21 亿人没有良好的卫生设备，到 2025 年世界新增 30 亿人口，所需供水缺少 20%。

淡水稀缺和粮食需求增加是人类目前面临的最大全球挑战之一，水资源的短缺早已引起国际社会的关注（Wang et al.，2017）。城市化、工业化和农业集约化的进程加快以及人口的剧增，从根本上导致水污染的日益加重，并在一定程度上改变了水循环的过程，进而导致水危机，以致对人类生存、生活以及发展产生重大影响。

1.3.2 我国水资源短缺分析

我国幅员辽阔，河湖众多，水资源总量丰富。淡水资源总量约占全球水资源的 6%，仅次于巴西、俄罗斯、加拿大、美国和印度尼西亚，名列世界第六位。根据水利部第一次全国水利普查公报，我国流域面积在 $50km^2$ 及以上河流 45203

条，总长度为150.85万km；流域面积100km² 及以上河流22909条，总长度为111.46万km；流域面积1000km² 及以上河流2221条，总长度为38.65万km；流域面积10000km² 及以上河流228条，总长度为13.25万km。常年水面面积1km² 及以上湖泊2865个，水面总面积为7.80万km²（不含跨国界湖泊境外面积）。其中，淡水湖1594个，咸水湖945个，盐湖166个，其他160个。

1. 地表水

地表水资源是指地表水中可以逐年更新的淡水量，是水资源的重要组成部分。地表水资源量存在年际变化，由图1-4可以看出，2011~2020年，中国多年平均地表水资源量为27433.48亿m³，其中，2011年地表水资源量最少，为22213.6亿m³；2016年地表水资源量最大，为31273.9亿m³，总体来看变幅不大，局部看有部分年份前后地表水资源量变化较大。例如，2015~2017年，2015年和2017年水量较少，分别为26900.8亿m³、27746.3亿m³，而2016年水量较大，为31273.9亿m³。年际水量的变化体现了水资源年际分布的不均匀性。由图1-5可以看出，长江区地表水资源量最多，为12741.7亿m³；其次为西南诸河区，为5751.1亿m³；海河区地表水资源量最少，为121.5亿m³，充分体现了地表水资源量空间分布的不均匀性。

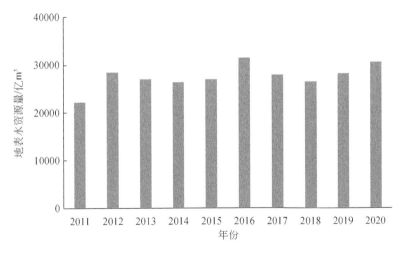

图1-4　地表水资源量的年际变化

2. 地下水

地下水资源是指地下饱和含水层逐年更新的动态水量，即降水和地表水入渗对地下水的补给量。地下水资源量同样存在年际变化，由图1-6可以看出，

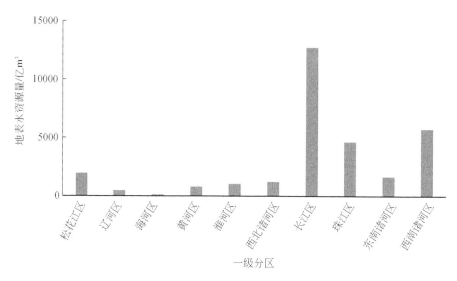

图 1-5　2020 年中国水资源一级分区地表水资源量分布

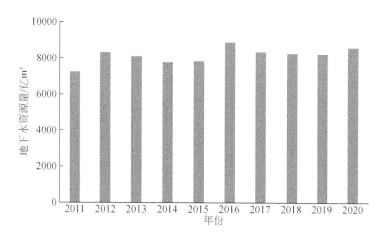

图 1-6　地下水资源量年际变化

2011～2020 年，中国多年平均地下水资源量为 8128.99 亿 m³，其中，2011 年水量最少，为 7214.5 亿 m³；2016 年水量最大，为 8854.8 亿 m³，总体变幅不大。

与地表水资源相同，地下水资源的空间分布也极为不均。如图 1-7 所示，2020 年中国水资源一级分区地下水资源量分布中，长江区地下水资源量最大，为 2823 亿 m³；其次为西南诸河区，为 1068.7 亿 m³；辽河区、海河区地下水资源量较少，均少于 250 亿 m³。

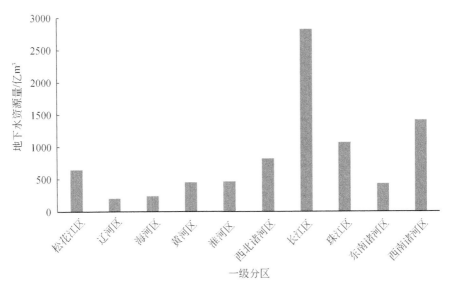

图 1-7   2020 年中国水资源一级分区地下水资源量分布

注：地下水资源量包括当地降水和地表水及外调水入渗对地下水的补给量

3. 水资源总量

水资源总量是指地表水资源量与地下水资源量扣除两者之间重复计算量之和。从总量上看出中国水资源总量丰富，2011～2020 年中国多年平均水资源总量为 28530.92 亿 m³。其中，2011 年水资源总量最少，为 23256.7 亿 m³；2016 年水资源总量最大，为 32466.4 亿 m³。总体来看变幅不大，年际水量的变化体现了水资源年际分布的不均匀性（图 1-8）。

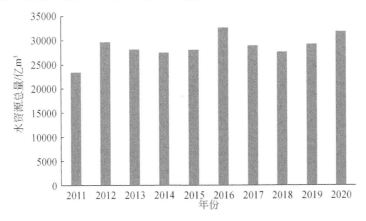

图 1-8   2011～2020 年水资源总量年际变化

我国人口基数大，因而呈现出总量大、人均占有量少的特点。中国人均资源占有量不到 2200m³，仅为世界水平的 1/4，约相当于巴西的 1/20，俄罗斯的 1/12，加拿大的 1/44，美国的 1/4，印度尼西亚的 1/6，居世界 120 名左右。

按照国际公认的标准，人均水资源低于 3000m³ 为轻度缺水；人均水资源低于 2000m³ 为中度缺水；人均水资源低于 1000m³ 为重度缺水；人均水资源低于 500m³ 为极度缺水。中国目前有 16 个省（区、市）人均水资源量（不包括过境水）低于严重缺水线，有 6 个省（区）（宁夏、河北、山东、河南、山西、江苏）人均水资源量低于 500m³，为极度缺水地区。

图 1-9 体现了中国水资源分布的空间不均匀性。2020 年，全国水资源总量为 31605.2 亿 m³，其中，地表水资源量 30407.0 亿 m³，地下水资源量 8553.5 亿 m³。

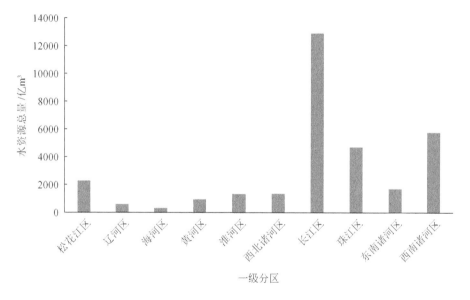

图 1-9　2020 年中国水资源一级分区水资源总量分布

长江区占水资源总量的 40.70%，西南诸河区占比为 18.20%，珠江区占比为 14.78%，辽河区和海河区占比最小，分别为 1.79%、0.90%。

在水资源时程分配上，主要表现为河川径流的年际变化大和年内分配不均，贫水地区的变化大于丰水地区。在年际变化上，长江以南的中等河流最大与最小年径流的比值在 5 以下，有的甚至高达 10 倍以上。一般河川径流的逐年变化还存在明显的丰、平、枯年交替出现及连续数年为丰水段或枯水段的现象。例如，黄河出现 1922～1932 年连续 11 年的枯水段，也有过 1943～1951 年连续 9 年的丰水段（侯晓虹和张聪璐，2015）。

4. 水资源短缺现状

我国水资源严重贫乏，属世界上 13 个贫水国之一，人均占有量偏低，不足 2200m³，仅为世界平均水平的 1/4。我国水资源地区之间分配不平衡，水资源分布与面积不匹配。长江流域及以南地区面积虽只占全国陆地面积的 36.5%，但其水资源量占全国的 81%；淮河流域及其以北地区的面积占全国陆地面积的 63.5%，但其水资源量仅占全国水资源总量的 19%。由于资源分布不均，北方地区河流取水量已经远远超出水资源的承载能力。

此外，随着我国城市化进程的不断加快，城市化引起社会经济规模扩张和居民生活质量提高，进而又会导致缺水加剧。尤其是在城市化发展初期，人口素质普遍较低，民众对水资源和水环境的严峻形势认识不足，对节水科技掌握不够，加上相关部门节水工作不到位，节约用水宣传力度不够，激励公众参与节水型社会建设的机制和管理机制不健全，就会导致缺水又浪费水的现象出现。

1.3.3 部分国家和地区水资源短缺分析

联合国粮食及农业组织日前发布的旗舰报告《2020 年粮食及农业状况：应对农业中的水资源挑战》指出：过去 20 年全球人口快速增长，与此同时人均淡水资源可供量却减少了 20% 以上。全球农业地区有超过 12 亿人口面临严重的水资源压力和干旱问题，11% 的农田和 14% 的牧场正在遭受反复干旱的折磨，超过 60% 的灌溉农田正在承受着巨大的水资源压力。未来水资源短缺引发的粮食危机可能导致亿万人口的饥饿和营养不良问题。

2020 年 3 月，联合国最新的《世界水发展报告》显示，目前全球有 36 亿人口（将近全球一半的人口）居住在缺水地区（一年中至少有一个月缺水），全球水资源需求正以每年 1% 的速度增长，而这一速度在未来 20 年还将大幅加快，到 2030 年全球将可能面临 40% 的水资源短缺。而到 21 世纪中叶，全球将有 20 亿人口生活在严重缺水的国家和地区，而缺水地区的人口数量也将从 36 亿激增至 48 亿~57 亿。导致全球水资源短缺的原因很多，人口增长是重要原因之一。过去 20 年间，全球年人均淡水可供应量减少了 20% 以上，这一问题在西亚和北非地区更为突出，这些地区的年人均淡水资源供应量已不足 1000m³，比 21 世纪初减少了 30% 以上，这些地区已经进入了"水资源严重短缺"阈值内。除西亚和北非外，南亚、中亚地区也面临着严重的水资源短缺问题。

1. 非 洲

预计到 2025 年，非洲的水资源短缺将达到危险的高度。据估计，到 2025 年，世界上大约 2/3 的人口将遭受淡水短缺。非洲水资源短缺的主要原因是物质和经济匮乏、人口快速增长和气候变化。水资源短缺是指缺乏满足标准需水量的淡水资源。虽然撒哈拉以南非洲地区有充足的雨水供应，但它是季节性的，且分布不均，将会导致频繁的洪水和干旱。此外，落后的经济与人口的迅速增长和城乡移徙，使撒哈拉以南非洲成为世界上最贫穷和最不发达的区域。

例如，肯尼亚的水资源短缺正在影响肯尼亚人口的水资源饮用，以及其赖以生存的农业和渔业的发展。肯尼亚各地的人口都受到缺乏清洁饮用水的影响，这在很大程度上是由于过度使用土地资源和社区定居点的增加。一个具体的例子是在肯尼亚高地的森林，那里是这个国家的一个重要分水岭。整个森林的树木遭到破坏，造成严重的土壤侵蚀，污染了水源。这种现象在肯尼亚全国各地都存在，再加上动物和人类的排泄物进入已经被污染的水中，使得肯尼亚公民普遍更难找到干净的水。目前的水状况造成了一些问题，包括许多疾病以及部落之间对剩余水资源的冲突。此外，由于清洁水越来越难找到，妇女被迫每天走很远的路来寻找家庭所需的水。肯尼亚清洁用水的另一个大问题是大量人口涌入内罗毕等大城市，形成了居住条件最差、水污染最严重的大型贫民窟。要在土地管理和环境政策方面作出重大改进才能帮助确保这个国家拥有更多的水。

联合国粮食及农业组织的 2012 年报告指出，日益严重的水资源短缺是可持续发展的主要挑战之一。这是农业和其他部门的共同需求，因为越来越多的河流流域已达到缺水的状况。非洲水资源短缺造成健康（妇女和儿童受到的影响特别大）、教育、农业生产力、可持续发展的问题以及可能发生更多的水冲突。

为了充分解决非洲的水资源短缺问题，联合国非洲经济委员会强调需要投资于非洲潜在水资源的开发，以减少不必要的痛苦，确保粮食安全，并通过有效管理干旱、洪水和沙漠化来保护经济收益。目前为实现这一目标所做的努力包括强调基础设施的建设和水井、雨水集水系统和净水储罐的改进。

2. 亚 洲

在一个 200 多名研究人员 2019 年汇编的一份重要报告中指出，恒河、印度河、雅鲁藏布江、长江、湄公河、萨尔温江和黄河源头的喜马拉雅冰川，到 2100 年可能会失去 66% 的冰川。大约有 24 亿人生活在相关流域。仅在印度，恒河就为 5 亿多人口提供饮用水和农业用水。印度、中国、巴基斯坦、孟加拉国、尼泊尔和缅甸可能会在未来几十年里经历严重洪水和干旱。

到 21 世纪中叶，全球预计将新增 30 亿人口，其中大部分出生在已经缺水的国家。人们担心，除非人口增长能够迅速放缓，否则可能不会有一个实用的非暴力或人道的解决方案来解决新兴世界的水资源短缺问题。

1）印度

印度的水资源短缺是一场持续的水危机，每年影响近 100 万人的生产和生活，还广泛影响着生态系统和农业。尽管印度有 13 多亿人口，但它的淡水资源只占世界的 4%。除了淡水供应与人口不匹配之外，印度的水资源短缺还源于夏季季风来临之前河流和水库的干涸。近年来，由于气候变化导致季风延迟，一些地区的水库逐渐干涸，危机更加恶化。导致印度缺水的其他因素包括缺乏适当的基础设施、政府监管不够以及不受控制的水污染。

日常用水的严重短缺促使许多政府和非政府组织采取严格措施来解决这个问题。印度的政府已经启动了多个计划和项目，包括成立一个完整的贾尔·沙克蒂（Jal Shakti）部来处理这个问题。政府还坚持采用雨水收集、节水和高效灌溉等技术。

近年来，印度的几个大城市都经历了水资源短缺，2019 年金奈是最突出的，缺水影响了整个城市 900 万人口的生活，导致部分酒店、餐馆和企业关闭。根据印度国家转型研究所（NITI Aayog）的一份报告，印度每年约有 20 万人因缺乏安全饮用水而死亡。

2）伊朗

伊朗的水危机是指伊朗的水资源短缺问题。水资源短缺可能是两种机制的结果：物理（绝对）水资源短缺和经济水资源短缺，其中物理水资源短缺是由于自然水资源不足以满足一个地区的需求，而经济水资源短缺是由于对足够的可用水资源管理不善的结果。伊朗对水危机的主要担忧包括气候剧烈变化、水资源分配不均和优先发展经济导致水资源不合理分配。

3）也门

也门的水资源短缺问题也越来越严重，其原因是人口增长、水资源管理不善、气候变化、降雨变化、水基础设施恶化、治理不善以及其他人为影响。据估计，截至 2011 年，也门的水资源短缺程度已经影响到其政治、经济和社会层面。截至 2015 年，也门成为世界上最缺水的国家之一，大多数人口一年至少有一个月处于缺水状态。

3. 美国

在美国格兰德河谷，集约化的农业企业加剧了水资源短缺问题，并引发了美墨边境两边关于水权的司法争议，包括墨西哥政治学家 Armand Peschard-

Sverdrup 在内的学者认为，这种紧张局势导致了重新发展战略性跨国水资源管理的需要。一些人宣称，这些争端相当于一场关于日益减少的自然资源的"战争"。北美洲西海岸的大部分水源来自落基山脉和内华达山脉等山脉的冰川，也将受到影响。

4. 墨西哥

由于不断增长的需求和日益有限的供应，墨西哥的某些城市面临着缺水的风险。也许还有其他的国际大都市（如洛杉矶）比墨西哥城投入了更多的精力和资金从遥远的地方汲水。

随着人口的增长和经济的发展，墨西哥半干旱和干旱的北部、西北部和中部地区的居民平均每天使用 75gal［1gal（美）≈3.785L］的水，这些地区的 GDP 占墨西哥 GDP 的 84%，人口占墨西哥总人口的 77%，但却只有 28% 的径流供水，意味着缺水在这些地区特别明显和严重。墨西哥还严重依赖地下蓄水层，从这些蓄水层取水，以满足近 70% 的需求。然而，提取的速度远远超过补充的速度。截至 2010 年，墨西哥 653 个含水层中有 101 个被严重开采，所有这些含水层都位于缺水地区。在 20 世纪，由于不断地从地下蓄水层排水，这座城市的地下水水位下降了大约 10m，为了维持墨西哥的供水，需要其他的替代方法。

1.4 水回用的要求

当前我国水资源面临的形势十分严峻，水资源短缺问题日益突出，已成为制约经济社会可持续发展的主要瓶颈。水资源节约是解决水资源短缺的重要之举，是构建人水和谐的生态文明局面的重要措施。2013 年 1 月，水利部出台了《关于加快推进水生态文明建设工作的意见》，明确指出"水生态文明是生态文明的重要组成和基础保障"，要求从保障国家可持续发展和水生态安全的战略高度，把水生态文明建设工作放在更加突出的位置。2018 年 5 月 18～19 日，全国生态环境保护大会在北京召开，习近平总书记发表重要讲话，强调要自觉把经济社会发展同生态文明建设统筹起来，加大力度推进生态文明建设、解决生态环境问题。十八大报告提出"节约资源是保护生态环境的根本之策""加强水源地保护和用水总量管理，推进水循环利用，建设节水型社会"。可以看出，推进水生态文明建设的重点工作是厉行水资源节约，构建节水型社会。从水资源利用角度出发，再生水回用可缓解水资源匮乏、人均用水不足等问题；从生态文明角度出发，再生水回用是建设社会主义生态文明的重要价值追求之一，也是全面协调可持续精神的重要体现。水回用节约了新鲜干净的水源，减少了废水的排放，延长了水的使用寿命，对水生态文明建设具有重要意义。

1.4.1 污水处理必要性

城市污水水量大且相对稳定，污水中的非水物质相比海水来说要少得多，污水中绝大部分成分是可再利用的水。城市污水易于收集，再生处理比海水淡化成本低，处理技术也比较成熟，基建投资比远距离引水经济得多。因此，当今世界各国解决缺水问题时，城市污水被选为可靠且可以重复利用的第二水源，城市污水回用一直是国内外研究的重点。到目前为止，城市污水再生回用的途径已有十几种，主要回用于农业灌溉，其次是工业和生活杂用，此外还有市政杂用、养殖业、地下水回灌和补充地表水等。在国外，城市污水回用已有很长的历史，规模也很大，并产生了相当可观的经济效益和社会效益。一些发达国家，在经历了高度的工业化发展过程的同时，迫切感到水资源的宝贵，因而随着时间的延续，逐步制定了相应的法规，促使城市污水资源得到合理的再利用。在发展中国家，尤其是在缺水地区，人们也逐渐认识到了污水作为第二水源的必要性，并开始重视污水资源的再利用，但发展中国家城市排水系统设备及管理都尚待完善，污水回用规模及回用率远比不上发达国家。我国淡水资源十分匮乏，污水资源的再利用已成为当今发展的必然趋势，并且人们还进一步意识到合理利用污水资源，不仅可以缓解全球性的供水不足，还可以改善生态环境，造福子孙后代，从而保证国民经济的可持续发展。

1.4.2 水回用水质要求

由于我国再生水利用技术方面存在的问题，再生水的水质或者水量有时候不一定能够满足回用的需要，无法满足用水稳定的保障。由于进水水源的波动或是处理工艺的不同，水质难免会出现波动。目前很多企业所谓水质"达标"，大多采用"模糊概念"——即平均达标，但实际情况是，水质可能会出现波动，那么水质较差的时候可能就不达标了。而对用户来讲，用户是无法接受平均达标这一说法的，必须是完全达标——无论何时何地水质都必须满足用户需求水质。

1.4.3 水回用处理技术要求

目前我国对再生水的使用标准还很有限，水质的考量指标不是很多。再生水毕竟是通过对污水处理后产生的，这就可能会残留一些有害成分，而这些成分在现有的考量指标中没有规定，但是再生水在使用过程中不可避免地会和人体进行接触，可能就会存在一些潜在的风险和问题。另外，水体中存在的一些新型污染物如抗生素等物质，由于含量低，很难被发现到，且对人体、水环境产生的影响不明确，这对再生水处理技术提出更高的要求。

1.4.4 基础设施和规划要求

根据《2016 年中国城市建设统计年鉴》，全国排水管道总长度为576617km，而再生水厂管道长度仅为 9031km，再生水设施建设严重滞后。由于受到配套管网设施建设的限制，一些再生水厂利用率极低，难以有效满足再生水潜在用户对再生水的需求。此外，目前再生水管理缺乏深层次的统筹考虑。站在长远发展的角度看，不利于行业健康、协调、有序的发展。基于此，应做到以下两点。

1. 加大基础设施建设投入

加大政府对城市污水处理回用的扶持力度，明确各级政府责任，以财政性资金为主解决再生水厂设施，尤其是管网建设投入问题，在再生水厂的规划布局、设施建设等方面给予指导与支持，引入市场机制，出台和完善有效的政策支持，充分调动社会资金参与城镇生活污水再生利用设施建设和运营的积极性。

2. 制定科学的再生水利用规划

再生水利用设施建设规划，应优先考虑再生水输配水管网系统建设，确保厂网配套，城市污水处理回用能力的扩增既要考虑回用能力的新建，也要充分考虑现有污水回用设施利用率的提高和处理工艺技术的升级改造，将回用设施作为污水处理综合系统必要的组成部分同步建设。此外，要根据地区间经济社会发展水平的差异，结合当地水资源禀赋等基本情况，按照东、中、西部有所区别的原则，因地制宜地确定不同地区城市污水处理回用的发展目标，合理规划城市污水处理回用建设规模。另外，再生水可以用于多种途径，而每种途径对水质的要求不尽相同。管理部门应结合实际情况制订详细完备的再生水利用规划，并选择其最佳利用途径对再生水进行利用。

1.5 水回用存在的困难与建议

1.5.1 水回用存在的困难

1. 再生水回用配套资金不足

由于历史原因，我国进行城市规划和建设时未预留再生水管道的位置。城市改造需破路施工重新安放再生水管道，这无疑增加了城市推广使用再生水的困难。而目前再生水并未大规模地推广与使用，再生水用户通常比较分散，更加大了再生水管道的铺设难度。同时再生水新建管网投资巨大，企业自身无法承担。学者认为，再生水利用设施每万方（1 方 = $1m^3$）处理量平均投资为 1000 万 ~ 2000 万元，管网铺设投资每公里高达 200 万 ~ 500 万元（钟玉秀等，2015）。2006 年北京市铺设 1km 再生水管网需要投资 1700 万元。2001 ~ 2010 年，西安思源学院建成污水处理再生水回用工程，共投资 2100 多万元。调查问卷也进一步表明，制约再生水使用的因素中资金不足占 28.83%，水处理设施不足占 22.3%，水管道不足占 22.32%。而公众对家庭内再生水管道改造态度七成多的受访民众愿意使用再生水，但 40.19% 公众不愿意承担费用，27.16% 的公只愿意承担小部分费用。可见筹集资金合理铺设再生水管网，成为再生水推广中一个亟待解决的问题。

2. 缺乏有效的水价价格机制

在市场经济条件下，价格的变动能够改变消费者的需求，影响产品销售。目前，我国的水价只包含了水资源费与污水处理费，并没有考虑到再生水利用的费用。我国现行水价价格水平总体偏低，消费者使用再生水与使用自来水在成本上无较大的差别，甚至比使用地下水成本还要高。因此，价格因素没有起到有效的调节作用，不能激励消费者主动地选择再生水，这也是再生水的推广利用难以得到公众积极响应的制约因素之一。目前一些省市除了园林景观用水和洗车行业强制使用再生水外，在生产生活领域完全属于再生水生产企业与用户之间的自发协商行为。

第一，政府对再生水与管网建设投入明显不足，财政投入比例小，直接导致了再生水利用设施建设滞后。2010 年全国与省级财政对再生水厂的投入比例仅有 39%。全国再生水厂与管网建设投资分别为 79 亿和 36 亿元，每个再生水厂平均投资 2303 万元，每千米管网平均投资为 65 万元。

第二，融资能力不足，融资渠道比较单一，缺乏多元的投资渠道和吸引社会资本的激励性措施，社会资本融资的积极性不高。城市污水处理设施及配套管网的建设资金大、投资回收慢是现阶段城市污水处理回用发展面临的一大难题。

第三，再生水与自来水没有形成合理的差价，再生水缺乏价格优势，不利于再生水市场培育。目前我国的再生水水价总体并不高。就工业使用再生水的价格而言，北京、大同等几个城市的再生水价格高于 1 元/m³，其他地区均在 1 元/m³ 左右甚至更低。但由于我国城市自来水的水价较低，再生水的价格优势难以显现，造成用户没有使用再生水的积极性，不利于再生水市场培育。

第四，缺乏再生水水价的定价政策。《水利工程供水价格管理办法》针对水利工程供水提出了定价原则，但再生水不同于水利工程的供水，供水价格不能严格按照该办法进行核定。缺乏对再生水价格构成、定价依据、定价程序的明确要求，再生水定价不能反映生产企业的经营管理效率。没有形成分质供水、分质定价的再生水价格体系。

3. 公众未对再生水形成准确的认识

《循环经济促进法》要求公民应当增强节约资源和保护环境意识，合理消费，节约资源。根据问卷调查显示，受访群众都会采取废水冲马桶等适合自家的节水措施，表明我国的节水教育初见成效。但由于历史原因、公众受教育度等因素的影响，目前我国大部分民众对再生水认识不清。潘志伟等（2017）对西北地区居民对再生水的调查问卷显示，"很了解"的仅占 2.98%；"了解"的占 33.13%；"了解一些"的占 49.92%；"不了解"的占 13.97%。通过进一步调查发现随着学历的提高，受访者对于再生水的态度更加开放和包容，年龄较小人群相对年龄较大人群对再生水回用更加熟悉，年龄与学历影响再生水的推广效果。在再生水使用途径的偏好顺序的调查中，西北民众对公厕冲洗、消防用水、浇灌绿地等非家庭饮用使用再生水的意愿较高，对于补充地下水、补充饮用水水源认可度较低。在张炜铃等（2012）所作的北京市再生水的公众认知度评估调查中，北京市民对再生水使用的偏好与西北居民类似，表明目前我国民众对再生水的认识水平总体一致。

4. 社会公众质疑水质安全

再生水的利用已成为一种趋势。再生水水质安全也逐渐为社会大众所关注。我国再生水水质有严格的国家标准及行业标准，但目前国家并未要求公开再生水的水质信息，各地也无主动公开的先例。公众无从得知再生水的水质状况，从而加剧了公众对再生水水质的担忧。潘志伟等（2017）对西北地区的民众调查显示，受访群众中近80%对再生水水质安全表示担忧，其中直接作出对安全担忧表示的有489人，占38.72%；心理上不能接受的有147人，占11.64%；感到异味或感官不适的有341人，占27.00%。

地方政府对城市污水回用的重要性没有予以高度重视，公众对城市污水处理回用的认可度不高。各地对城市污水回用的重要性认识和定位不同，部分地区的政府对城市污水处理回用的重要性认识不够，多数城市只是将再生水作为补充性的水源，基本在部门层面操作，政府并没有高度重视。同时，由于缺乏相应的宣传，城市居民对使用再生水还是存在认知障碍，对再生水用于家庭冲厕、地下水回补以及蔬菜灌溉存在使用安全性的质疑，也没有充分认识到再生水利用对保护水资源的重要性。

5. 再生水没有纳入水资源统一配置，且回用发展规划滞后

目前除了北京之外，绝大多数城市缺乏水资源综合利用的统筹，没有将再生水使用量纳入城市水资源配置，没有将再生水管网设施划归市政基础设施或水利基础设施。这不可避免地造成在当地的水资源综合规划或水利基础设施建设等相关规划中不能体现再生水开发利用的内容，不利于再生水管网的建设，影响再生水的推广使用。

6. 水资源行政多头管理，体制不顺

目前，我国水资源管理体制表现为条块分割、相互制约、职责交叉、权属不清，水源地不管供水，供水的不管排水，排水的不管治污，治污的不管回用，形成了"多龙"治水的混乱局面。由于水管理权不统一，各管水部门依据自身的管理职能开展工作，没有形成协调统一的水资源管理体制。水资源保护、开发、利用缺少统一的规划，无法实现统一管理和调度，也无法实现水资源的合理开发和集约利用，违背了水资源整体性的客观规律。传统的水资源管理体制及其所具备的能力手段已不再完全适应市场经济对水资源管理体制的要求和变革。

7. 城市污水处理回用发展缺乏法律保障，优惠激励政策不完善

一是国家层面的立法严重滞后，尚未建立一部综合的、能调节各方利益的城市污水处理回用法规，对部门依法履行职能带来相当大的难度。二是地方层面的城市污水处理回用专项法规缺乏。从各地的情况看，仅有极少数城市出台了直接

针对城市污水回用的管理条例，绝大多数城市缺少城市污水回用的专项法规、规章和规范性文件。三是线性法规条款的执行效力不强。涉及城市污水处理回用的条款分布零散，除北京、天津、宁波等城市外，我国大部分省会城市与副省级城市、计划单列市出台的涉及城市污水处理回用的规定，大都是分布在其他法规、规章与规范性文件中，操作性和有效性都不强。

目前实施的优惠政策比较原则，缺乏具体政策措施，可操作性弱；优惠扶持政策的收益范围也较小，尤其是再生水使用的电价优惠政策、免征水资源费和污水处理费等政策只在极个别省份实施；缺乏强制性执行的政策等。具体体现在以下三方面：一是产业发展政策过于宏观，没有详细的配套措施出台。我国现行涉及"再生水"或"污水处理回用"的规范性文件可操作性和可执行性不强。国家和地方政府制定的污水回用相关政策、法规，从内容上看到的均是以"鼓励"为主，但对如何鼓励，采取何种鼓励措施并没有详细的说明。二是缺乏约束性措施或制定相应的处罚性措施，对一些"要求"性的政策措施，没有提出如果不达标将采取的强制措施，多数规范性文件虽规定应当使用再生水，应当配套中水设施，但是对违反上述规定并未制定相应的罚则，或虽制定了罚则，但普遍处罚较轻。三是减免有关规费的政策没有明确执行方式。国家及地方出台了一些鼓励、优惠的政策，往往仅简单指出要鼓励使用再生水，而没有明确执行方式，可操作性不强；相应的税费减免、电价优惠政策在实际执行中难以落实到位，实际效果不理想。

1.5.2　建议

为应对水回用存在的困难和面临的挑战，提出以下几方面的建议。

1. 提高水资源利用效率

随着国民经济的持续快速发展，城市化、工业化、农业现代化进程加快，人民生活水平不断提高，城市对水资源需求急剧增长，引发城市缺水难以解决、地下水严重超采等诸多问题，城市水资源短缺问题越来越凸显出来。由于城市生活污水量大且集中，水量水质相对稳定，且不受季节、雨旱季、旱涝等因素影响，污水处理厂一般建在城市附近，与远距离输水相比，大大降低了输水成本，相比新建水源工程与海水淡化工程，城市污水回用处理回用的投资效益优势明显。据相关资料统计，城市供水的80%转化为污水，经收集处理后，其中70%的再生水可以再次循环利用。这意味着通过污水回用，可以在现有供水量不变的情况下，使城市的可用水量增加50%以上，提高了水回用效率，延长了水的使用寿命。据估算，将工业和生活中产生的诸如工业废水和生活污水以及雨水等有效收集起来，经过回收再处理，约有一半以上可以安全回用（金兆丰和王建，2001）。通过再生水回用，不仅可以极大地缓解城市供水矛盾，还可以改善城市水污染的现状，有效防止水环境持续恶化，把"废水"变活，重新成为可利用的资源，可显著提高水资源的利用效率。

2. 提升污水处理技术

污水处理后回用，是一项系统工程，它包括城市污水的收集系统、污水再生系统、输配水系统、用水技术和监测系统等，污水再生系统是污水回用的关键所在。污水回用的目的不同，水质标准和污水深度处理的工艺也不同。水处理技术按其机理可分为物理法、化学法、物理化学法和生物化学法等。通常污水回用技术需要多种工艺的合理组合，即各种水处理方法结合起来对污水进行深度处理，单一的某种水处理工艺很难达到回用水的水质要求。目前，我国城市污水深度处理或三级处理已应用的工艺有混凝、沉淀、过滤等常规工艺，以及微絮凝过滤法、生物接触氧化后纤维球过滤，以及生物炭过滤等方法。国外深度处理方法很多，主要有混凝澄清过滤法、活性炭吸附过滤法、超滤膜法、半透膜法、微絮凝过滤法、接触氧化过滤法、生物快滤池法、流动床生物氧化硝化法、离子交换、反渗透、臭氧氧化、氯吹脱、折点加氯等工艺。无论哪种污水处理工艺首先都应经过预处理和初级处理，其后续处理工艺一般分三类：第一类是先生化后物化再消毒；第二类是只物化和消毒；第三类是物理处理及消毒。

目前我国已制定针对不同用途的再生水水质标准，但水质的考量指标不是很多，这就可能会残留一些有害成分。另外，水体中存在的一些新型污染物如抗生素等物质，在水生态文明建设总体思想的指导下，人们对再生水水质提出更高的要求，这就需要在现有技术基础上，加强新工艺、新流程、新技术、新设备、新产品的研究、开发、运用与推广，提升再生水处理技术。

3. 保证生态优先地位

2020年全国两会期间，习近平总书记特别指出，要保持加强生态文明建设的战略定力，牢固树立生态优先、绿色发展的导向，持续打好蓝天、碧水、净土保卫战。生态需水是水资源规划和水资源配置中不可缺少的一项内容，生态用水主要指用于河湖湿地人工补水及城镇环境用水，回用于景观环境的再生水即是生态用水的重要来源，再生水用于生态补水解决了城市河湖水量不足的问题，改善了城市水环境，提高了水资源利用效率；此外，对区域环境、经济、社会可持续发展也具有重要意义，一举两得。

4. 完善水回用政策法规体系

我国污水再生利用发展起步较晚，进入全面发展阶段也仅二十余年，相关的法规、政策和标准并不完善，尤其缺少富有成效的激励措施和必要的行政惩罚手段。因此，需要加强城市污水再生利用法规和技术规范的制定，完善相关配套政策，针对污水再生利用设施的规划、设计、建设、投资、收费、监督、管理等制定相关的规范、强制性措施和规章制度，采取行之有效的鼓励政策和行政管理手段，促进工业生产部门、市政用水和农业等部门积极使用再生水，并确保在一些必要情况下优先使用再生水。例如，为了促进再生水行业的快速发展，在此基础上制定合理的、科学的再生水价格体系；通过税收优惠等办法，降低再生水企业的经营成本，使再生水具有相对的成本竞争优势，既保证再生水企业扩大再生产的积极性，又能在再生水和自来水之间形成明显的价格差距，从而以价格杠杆引导用水单位以再生水置换自来水，拓展再生水市场空间。

同时，要重视和强调城市污水处理与再生利用技术、质量标准和策略的匹配，逐步建立良好的实效性、科学性、适用性和可操作性的技术政策和标准规范体系，以保障城市污水再生利用的必要技术基础和工程技术决策质量。

第 2 章 水回用标准和法规

2.1 我国水回用标准和法规的发展历程

我国再生水利用起步比国外晚，最先由城乡建设环境保护部在"六五"专项科技计划中列入了城市污水回用课题，分别在大连、青岛两地做试验探索，之后经历了"七五"至"九五"期间的技术储备和示范工程引导阶段，在 2001 年以"十五"纲要明确提出污水回用为标志，进入全面启动阶段。再生水利用在我国北方城市开展较早，自 1987 年以来北京市政府先后制定了一系列再生水设施建设管理的相关政策和再生水利用的相关标准。2003 年，北京开始规模利用再生水，到 2010 年再生水利用量达 6.8 亿 m³，已成为北京水资源的重要组成部分。我国现行的回用水标准分别为《城市污水再生利用　分类》（GB/T 18919—2002）、《城市污水再生利用　城市杂用水水质》（GB/T 18920—2020）、《城市污水再生利用　景观环境用水水质》（GB/T 18921—2019）、《城市污水再生利用　工业用水水质》（GB/T 19923—2005）、《城市污水再生利用　地下水回灌水质》（GB/T 19772—2005）和《污水再生利用工程设计规范》（GB/T 50335—2002）。

2.2 不同国家和地区水回用标准比较

2.2.1 不同国家和地区水回用标准

1. 美国

美国国家环境保护局（USEPA）颁布的《污水回用指南 2012》（2012 Guidelines for Water Reuse）指出，再生水是经过处理达到某些特定的水质标准而可用于满足一系列生产、使用用途的城市污水。各州在推荐指南的基础上，根据本州的水资源的实际需求，规定必须在保护环境、有价回用，以及公众健康的前提下，设计、建设运行再生水工程。美国再生水利用的突出特点是集中处理回用，很少直接用于城市生活杂用。再生水利用工程主要分布于水资源短缺、地下水严重超采的西南部和中南部的加利福尼亚、亚利桑那、得克萨斯和佛罗里达等州。美国再生水利用的范围涉及农业、工业、地下水回灌和娱乐等方面，其比例大致为：62%用于各种灌溉和景观，31.5%用于工业，5%用于地下回灌，1.5%用于娱乐和渔业等。

2. 欧盟

欧盟一直都高度重视水资源管理，自1973年欧共体制订第一个环境行动计划开始，已将水资源作为独立的环境要素予以管理和保护，其水资源管理政策经历了从单一化到综合化的发展阶段（李昆等，2014）。1991年欧盟颁布的《城市污水处理指令》（UWWTD，91/271/EEC）要求成员国要回用处理后的污水，但是一直没有制订具体标准。水质不断恶化和水资源相关法规过于零散等问题一直困扰着成员国，经过长期的讨论协商，最终于2000年在整合原有水资源管理法规的基础上颁布了统一的《水框架指令》（Water Frame Directive，WFD），该文件成为欧盟各成员国必须遵守的综合性法律框架。综合水资源管理方法可以使城市污水回用项目得到更为广泛的应用，同时在扩大供给水源和减少人为活动对环境影响两方面都有促进作用。

但《水框架指令》只是一个软性的法律文件，它只为达到可持续水资源管理提供了原则，并没有指明方法。由于各成员之间仍缺乏统一认识，污水回用的可行性研究与实际应用之间存在明显的时滞效应。为解决各国在污水回用中存在的分歧，欧盟在第五次框架计划中实施了一项为期3年的AQUAREC项目（2003年3月1日~2006年2月28日），该项目旨在通过建立处理污水回用的集成概念，评估具体情况下污水回用的标准条件以及污水回用在欧洲水资源管理框架下的潜在作用，从策略、管理和技术三方面为终端用户和各级公共机构在污水回用方案的设计、实施和运行维护中的决策提供指导。尽管目前欧盟还没有统一的再生水利用指南和法规，但毫无疑问再生水利用在欧洲正发挥着越来越大的作用，而欧盟再生水法规和再生水利用指南的缺失阻碍了再生水利用的进一步实施（Urkiaga et al.，2008；RWTH Aachen University，Department of Chemical Engineering，RWTH-IVT，2006），目前已有一些国家和联邦地区颁布了他们自己的标准或法规。

为了更广泛地回用再生水，限制从地表水和地下水取水，减少未经处理的污水对环境的影响以及促进节约用水来应对与日俱增的水资源压力，欧盟于2020年6月5日发布了《关于再生水重新使用的最低要求的法规》［Regulation on Minimum Requirements for Water Reuse，Regulation（EU）2020/741，以下简称欧盟《水回用法》]。欧盟《水回用法》于 2020 年 6 月 25 日生效,并将于 2023 年 6 月 26 日起开始实施。尽管对经处理的废水进行再利用在欧洲乃至世界范围内都被看作是水资源可持续利用的重要手段之一,而且再利用经处理的废水在缓解水资源供应压力方面确实可以发挥很大作用,但是,将经处理的废水回用于农业灌溉依然是很审慎的。欧盟《城市废水处理指令》 (Council Directive 91/271/EEC) 和《水框架指令》均允许和鼓励对水的再利用,如《城市废水处理指令》第 12 条的规定和《水框架指令》附件六 B 部分的规定。欧盟《水回用法》是将再生水再利用于农业灌溉的最新法规,它首次将再生水重新使用的最低要求纳入了欧盟法规,是欧盟在水回用法制建设方面的一个重要的里程碑。

3. 澳大利亚

从 20 世纪 90 年代末至 21 世纪初,随着水处理技术的成熟和经济性的提高,澳大利亚水务部门开始逐渐将再生水视为潜在的水资源以满足日益增长的需水量。2000 年之后多数州政府开始制定相关法规以鼓励再生水利用,一些州还设立了相应的水行业发展目标。由于再生水是全新而陌生的水源,其并未包含在州的环境保护、公共健康、水产业和经济监管框架内,因此这些目标将促进政府改革现有的监管框架以利于再生水利用的实施(Whiteoak et al.,2008)。目前澳大利亚再生水回用指南是基于国家水质管理策略(National Water Quality Management Strategy,NWQMS)制定的,不具有强制性,但可为再生水项目的优化和可持续发展提供权威性的指导,同时州和地方政府也制定了各自的再生水回用指南。2004 年,《澳大利亚的再生水回用》报告促使澳大利亚在《污水处理系统指南:再生水的使用》 (Guidelines for Sewerage Systems:Use of Reclaimed Water)的基础上更新和扩展了新的国家再生水利用指南。

4. 日本

日本一直致力于构建基于流域的健全水循环体系,在河川审议会答复(综合政策小委员会水循环小委员会,1998 年 7 月)、环境省中央环境审议会意见汇报(1999 年 4 月)、国土交通省社会资本整备审议会城市计划部会下水道小委员会(2007 年 6 月)中均提到这一基本思想。在由环境省中央环境审议会决定的第二次环境总体规划(2000 年 12 月)、第三次环境总体规划(2006 年 4 月)、第四次环境总体规划(2012 年 4 月)、水环境管理讨论会报告书(2013 年 3 月)均将其放在优先重点领域,表明了日本将流域作为建立健全水循环体系构筑计划单元的必要性。再生水作为水循环计划中的重要组成部分,随着水循环体系构筑计划的提出和建立,受到了日本政府和民众的广泛关注。

为了推动再生水事业的发展，日本再生水利用行政主管部门、地方政府和行业协会等分别制定相关的指南、规定、纲要和条例等，形成一套完整的政策标准体系。例如，日本相继出台了《污水处理水循环利用技术方针》《冲厕用水、绿化用水：污水处理水循环利用指南》《污水处理水中景观、戏水用水水质指南》《再生水利用事业实施纲要》《再生水利用下水道事业条例》《污水处理水的再利用水质标准等相关指南》，制定了《污水处理水循环利用技术指南》《污水处理水中景观、亲水用水水质指南》等再生水水质标准。

5. 中国

近年来我国陆续颁布了城市污水再生利用系列水质标准，指导、应用全国的城镇污水处理再生利用，对缓解水资源短缺、促进水资源的循环利用和可持续发展起到了重要作用（刘祥举等，2011）。截至 2012 年年底，我国已颁布了 1 个行业标准、1 个污水再生利用工程设计规范、6 个推荐性国家标准和 1 个强制性国家水质标准。2013 年 10 月 16 日国务院发布的《城镇排水与污水处理条例》明确提出"促进污水的再生利用"，该条例于 2014 年 1 月 1 日正式生效。

2.2.2 再生水回用标准比较

目前国际上还没有一致认可的再生水利用指南来指导污水的再生利用（Li et al.，2009a，2009b），世界各国和地区通常是在卫生安全、感官美感、环境耐受和技术经济可行的基础上，根据再生水的利用途径设定对应的水质标准和适宜的处理工艺。不同国家在再生水的回用途径分类方面也不尽相同，例如，美国国家环境保护局的《污水用指南 2012》将污水再生利用分为城市用水、农业用水、蓄水、环境用水、工业用水、地下水补给和饮用性利用七大类；欧盟目前还没有正式的再生水利用指南或条例，本书选取 AQUAREC 项目报告（Salgot and Ertas，2006）的推荐指标进行比较，报告中将再生水的利用大致分为城市和灌溉用水、环境和水产养殖用水、间接含水层补给、工业冷却用水四类；澳大利亚的《污水处理系统指南：再生水的使用》将再生水用途分为直接饮用水、间接饮用水、城市用水（非饮用）、农业用水、休闲娱乐用水、环境用水、工业用水七大类；日本的《污水处理水的再利用水质标准等相关指南》（国土交通省，2005）将再生水的利用分为冲厕用水、绿化用水、景观用水、戏水用水四类；我国的《城市污水再利用 分类》（GB/T 18819—2002）将城市污水再生利用类别分为农、林、牧、渔业用水，城市杂用水，工业用水，环境用水，以及补充水源水。

2.3 特殊水回用考虑的因素

美国《污水回用指南 2012》中，将再生水用途分为非限制性区域用水、限制性区域用水、灌溉食用作物、灌溉非食用作物、非限制性娱乐用水、限制性娱乐用水、环境用水、工业用水、地下水补给和间接饮用。不同用水考虑的因素详见表 2-1。

表 2-1 不同回用水所考虑因素

回用水用途		要求
非限制性区域用水		可以接受较低程度的处理，投加化学试剂满足水质标准
限制性区域用水		TSS 应低于 30mg/L
灌溉食用作物		再生水中不能含有具有活性的病原微生物，灭活病毒和细菌
灌溉非食用作物		灌溉后 15 天，禁止放牧产奶动物
非限制性娱乐用水		再生水需对皮肤和眼睛无刺激，无色无味；尽量去除有机物避免藻类暴发；不能含有具有活性的病原微生物
限制性娱乐用水		尽量去除有机物避免藻类暴发；为保护水生植物和动物，必须进行脱氯处理
环境用水		为保护水生植物和动物，必须进行脱氯处理，对地下水的影响进行可能性评价
工业用水		为避免水垢、腐蚀、滋生生物、腐败、泡沫等增加相应的工艺
地下水补给		必须保证再生水不进入饮用水含水层
间接饮用	向非饮用水含水层补水或注水	在地下水位最高点，再生水至地下水的深度至少 2m；再生水被抽出前至少在地下保存 6 个月；再生水处理方法在各地是不同的，应根据当地土壤类型、渗透率、水文地质及稀释倍数等条件具体而定；经渗滤层的过滤后，再生水中不能检测出具有活性的病原微生物
	向饮用水含水层补水以补给地下水	再生水被抽出前至少在地下保存 9 个月，必须建设监测并以检验补给对地下水的影响；经渗滤层的过滤后，再生水中不能检测出具有活性的病原微生物；为灭活病毒和原生动物，必须保证较高浓度的余氯或进行较长时间的消毒
	补给地表水	再生水处理的程度根据具体地点及其他条件确定，主要包括受纳水体水质、至取水点的时间和距离、稀释倍数、进入饮用水管网前的处理方法；再生水中不能检测出具有活性的病原微生物；灭活病毒和原生动物，必须保证较高浓度的余氯或进行较长时间的消毒

2.4 间接饮用水回用的管理考虑

由于污水中污染物含量高、种类复杂，存在许多潜在的风险因子，若未经严格处理，水中的有毒有害污染物、重金属和病原微生物很可能污染饮用水。表 2-2 给出美国国家环境保护局、佛罗里达州、华盛顿州的再生水间接补充饮用水的相关水质标准。

表 2-2　再生水间接补充饮用水的相关水质标准

项目	美国国家环境保护局			佛罗里达州			华盛顿州
	渗透进入饮用水含水层	向饮用水含水层补给地下水	补给地表水	补充饮用地表水源	快速地下回灌	回灌地下水	
pH		6.5 ~ 8.5	6.5 ~ 8.5				
BOD₅/ (mg/L)	30			20		20	5
总有机碳 (TOC) / (mg/L)		≤3	≤3	≤3 (月平均) 5 (单个样品)			1.0
总有机卤 (TOX) / (mg/L)		≤0.2				≤0.2 (月平均) 0.3 (单个样品)	
总悬浮物 (TSS) / (mg/L)	30			5	5	5	5
浊度/ NTU		2	2				0.1 (月平均) 0.5 (最大值)
总氮/ (mg/L)				10	10	10	
余氯/ (mg/L)		1	1				1

项目	美国国家环境保护局			佛罗里达州			华盛顿州
	渗透进入饮用水含水层	向饮用水含水层补给地下水	补给地表水	补充饮用地表水源	快速地下回灌	回灌地下水	
粪大肠杆菌/(个/L)		不可检出					
总大肠杆菌/(个/L)		不可检出				10 (7天中位值) 50 (单个样品)	
处理工艺要求	二级处理、消毒	二级处理、过滤、消毒、深度处理	二级处理、过滤、消毒、深度处理	二级处理、过滤、高级消毒	二级处理、过滤、高级消毒	二级处理、过滤、高级消毒	氧化、混凝、过滤、反渗透处理、消毒

资料来源：杨扬等，2012

实际上，很难对再生水作为饮用水的水质要求做出十分明确的规定。但可以通过必要的风险分析和采取相应的措施，降低再生水作为饮用水使用过程中可能带来的负面影响。风险分析过程主要包括对潜在风险的分析、识别和评估。洛杉矶卫生局曾设立健康影响项目，评估处理后的再生水补给地下水所造成的健康影响。研究任务包括：①研究再生水补给水源和地下水后的水质特点（微生物和化学组分）；②确定再生水补给水源和地下水后的毒性和化学组分，分离和鉴别再生水中对人体健康有重大影响的有机组分；③通过现场试验评价土壤去除再生水中化学物质的效率；④利用水文地质学研究方法确定再生水通过土壤层的迁移和再生水对市政供水的相对贡献；⑤开展流行病学研究，比较和评价再生水利用人群的健康状况与其他人群健康状况的差异。

2.5 世界卫生组织水回用指南

联合国大会于2000年9月8日通过了千年发展目标。与农业和水产养殖业安全使用废水、排泄物和灰水最直接相关的千年发展目标是：目标1（消除极端贫困和饥饿）和目标7（确保环境的可持续性）。在农业和水产养殖中使用废水、排泄物和灰水可以帮助社区种植更多的粮食，并利用宝贵的水和营养资源。然而，这应该安全地进行，以最大限度地提高公共卫生收益和环境效益。

1973 年，世界卫生组织出版了《废水的再利用：废水处理方法和公共卫生保障措施》。该规范性文件就如何保护公众健康以及如何促进农业和水产养殖业合理使用废水和排泄物提供了指导。该出版物注重技术，本身没有涉及政策问题。经过对流行病学研究和其他新资料的全面审查，于 1989 年出版了这一规范性文件的第二版《农业和水产养殖废水使用卫生指南》。这些指南在技术标准的制定方面和政策方面都具有很大的影响力，许多国家已经采用或调整了这些指南，以适应其废水和排泄物的使用做法。指南目前的第三版根据新的健康证据进行了更新，扩大了范围以更好地惠及主要目标受众，并重新调整了方向以反映关于风险管理的当代思想（WHO，2006）。

在农业和水产养殖中使用废水、排泄物和灰水越来越被认为是一种将水和养分循环、加强家庭粮食安全和改善贫困家庭营养相结合的方法。人们对农业和水产养殖中的废水、排泄物和灰水的使用产生了兴趣。受缺水、缺乏营养物质以及对健康和环境影响的担忧所驱动，有必要更新指南。以考虑到有关病原体、化学品和其他因素的科学证据，包括人口特征的变化、卫生习惯的变化、评估风险的更好方法、社会/公平问题和社会文化习俗，特别需要对风险评估和流行病学数据进行审查。

为了更好地包装指南以供适当的读者使用，《安全使用废水、排泄物和污水指南》第三版分四卷进行介绍，分别是：《第 1 卷　政策和规章方面》、《第 2 卷　农业中的废水使用》、《第 3 卷　水产养殖的废水和排泄物的使用》和《第 4 卷　粪便和废水在农业中的使用》。

指南第 1 卷提出了从第 2、3 和 4 卷中发现的技术细节提炼出来的政策问题和监管措施。那些需要在国家和各级地方政府加快制定政策、程序和管制框架的人将在本卷中找到必要的资料。它还包括本系列其他卷的摘要（WHO，2006）。

指南第 2 卷解释了促进安全使用概念和做法的要求，包括基于健康的目标和最低限度程序。它还包括对确保农业废水微生物安全的方法进行实质性修订。介绍了新污水项目的健康影响评价（WHO，2001）。

指南第 3 卷向读者介绍了在水产养殖中使用废水和排泄物时对微生物危害和有毒化学品的评估以及相关风险的管理。它解释了促进安全使用做法的要求，包括最低程序和基于健康的具体目标。它在更广泛的发展背景下权衡潜在风险和营养效益（WHO，2004）。

指南第 4 卷专门侧重于在农业中安全使用排泄物和灰水。在卫生方面，包括生态卫生方面的最近的趋势是由快速城市化推动的。千年发展目标所创造的势头正在导致人类处理废物的巨大变化。新的机会使人类排泄物成为一种有利于穷人的农业发展的资源，特别是在城郊地区。将相关健康风险降到最低的最佳做法是本书的核心内容（WHO，2005）。

这一版本的指南取代以前的版本（1973年和1989年）。联合国的水机制是24个与水问题有关的联合国机构和方案的协调机构，它认为指南代表了联合国系统在废水、排泄物和灰水使用和健康问题上的立场。这一版指南进一步发展了前几版的概念、方法和信息，并包括关于以下方面的补充信息：人口总体水传播疾病负担的背景，以及农业和水产养殖业对废水、排泄物和灰水的使用如何加重这一负担；制定与水有关的指南和设定健康目标的斯德哥尔摩框架；风险分析；风险管理战略，包括不同健康保护措施的量化；指导方针的实施策略。

修订后的指南将有益于所有与废水、排泄物和废水的安全使用、公共卫生以及水和废物管理有关的人员，包括环境和公共卫生科学家、教育工作者、研究人员、工程师、决策者以及负责制定标准和条例的人员。

2.6 我国再生水法规及其未来方向

由于目前国际上对再生水回用还没有一致认同的水质标准，各国通常都是基于本国现有的水资源管理政策，结合实际的水资源需求和使用途径对再生水回用进行分类，并设定相应的水质标准。相比发达国家较为成熟的再生水回用政策法规和标准体系，我国再生水回用仍处于起步阶段，虽然潜力巨大，但存在许多缺点和不足。

1）政策与法规

我国在再生水利用方面主要依靠执行国家标准和行业标准，缺少系统的政策法规支撑，而其他发达国家和地区，如美国有《水权法》、供水和用水法规、污水法规及相关环境法规、饮用水水源保护、土地利用、污水回用法规和指南等，分别由国家环境保护局、联邦、各州政府部门等发布，各州可在全国性法规框架下根据实际情况颁布自己的再生水法规或指南；在欧洲，由欧洲理事会、欧洲议会颁布一系列的地表水、地下水、饮用水、城市污水和水框架指令，各成员国可根据自身需求制定相应的再生水回用准则。

2）标准和分类

我国的再生水利用分为农、林、牧、渔业用水，城市杂用水，工业用水，环境用水和补充水源水五大类，与美国、澳大利亚相比缺少对饮用性利用的归类，反映了我国在再生水利用上的差异。我国的再生水标准控制项目普遍多于美国、欧盟、澳大利亚、日本等国家和地区，部分指标的限值设定缺乏灵活性，在再生水项目的建设和实施过程中执行难度较大；同时，我国缺少针对不同用途再生水回用的推荐工艺。

3）技术与应用

目前国内外再生水回用工艺均以"城市污水厂出水+深度处理"工艺为主。与发达国家相比，我国的再生水回用工艺更加多样化，针对不同原水水质和再生水用途的处理工艺各不相同，在实际工程中较国外再生水处理工艺成本更低，可能原因是目标用途的水质要求以及相关水质标准不同所致，也与缺少推荐工艺的引导有关。

针对上述问题，我国在大力推行污水再生利用的同时，应当积极借鉴其他发达国家的经验教训，构建一套合理的再生水回用标准和相关政策体系。主要建议如下：

（1）健全、完善我国的水资源管理法规，大力鼓励污水再生利用。

（2）修订、完善现有的再生水回用标准，适当精简控制指标项目，鼓励省（区、市）和地方政府建立和完善自己的再生水回用标准。

（3）深入研究再生水回用需求，按照分级分类的原则，调研、筛选可满足不同需求的再生水处理工艺，提高再生水处理工艺的技术可行性和经济适用性，促进再生水的推广应用。

第3章 | 水回用发展历程

3.1 水回用的发展历程

"污水处理回用"并不是一个新名词，早在公元前3000年希腊的克里特岛就将污水回用于农田灌溉。之后，经过漫长的发展，人们逐渐发现了供水中病菌的危害，并开始使污水处理合法化、发明污泥处置法等，随着处理技术和法规体系的不断完善，污水回用逐渐得到重视和推广（曲炜，2011）。

3.1.1 我国水回用发展历程

我国的污水回用起步很晚，因资金有限，结合国情发展以回用于农业、工业、市政为主要目标，采用的是不同层次的人工与自然净化相结合的污水处理技术与回用系统（尹军等，2010；水利部综合事业局非常规水源工程技术研究中心，2017）。我国污水回用的发展历程大致可以分为三个阶段：1985年前的"六五"期间是起步阶段；1986~2000年的"七五""八五""九五"，这15年是技术储备、示范工程引导阶段；从2001年起到现在，以"十五"纲要明确提出污水回用，"十五"计划把"水资源的可持续利用和污水处理回用"明确写入"十五发展纲要"中，以"十一五"规划纲要提出主要污染物排放量减少10%的约束性指标为标志，我国的污水回用进入全面启动阶段（曲炜，2011，2013）。

1. 起步阶段

20世纪70年代末，我国进入以经济建设为中心的新时期，水资源紧缺，已经对国民经济发展产生了影响，引起了有关领导和专家的关注。城乡建设环境保护部在"六五"国家科技攻关计划中，最先列入城市污水回用课题，分别在青岛、大连开点作试验探索，其中纪庄子再生水厂是具有里程碑意义的城市污水处理回用示范工程。大连的小试于1983年10月27日通过了城乡建设环境保护部鉴定，被认为是国内首次提出有关城市污水回用的有效成果，填补了国内空白。青岛于1984年也顺利完成了中试研究。这两个成果表明，污水可以通过简易深度处理再次回用，是具有前途的水源，我国污水回用完成了起步阶段工作。

2. 技术储备、示范引导阶段

从 1986 年开始，"城市污水资源化研究"相继列入了"七五""八五""九五"国家重点科技（攻关）计划。该计划针对我国北方部分城市在经济发展中亟须解决的缺水问题，研究开发出适用于部分缺水城市的污水成套技术、水质指标及回用途径，完成了规划方法建设等基础性工作，并相继在太原、大连、天津、泰安、淄博等城市建设了回用市政景观、工业冷却等示范工程，为我国城市污水回用提供了技术设计依据，并积累了一定的经验。

"七五"（1985~1990 年）国家重点科技攻关计划项目"水污染防治及城市污水资源化技术"。下设 7 个专题，就污水再生工艺、不同回用对象的回用技术、回用的技术经济政策等进行了系统研究。"八五"（1990~1995 年）国家重点科技攻关计划项目为"污水净化与资源化技术"，重点研究城市污水回用技术，下设 5 个专题，分别以大连、太原、天津、泰安、燕山石化为依托工程，开展工程性试验。"八五"提供的成果较"七五"提高到了实用水平，研究内容经过生产性检验，涵盖了污水回用的大部分领域。"九五"（1995~2000 年）国家重点科技攻关计划项目"污水处理与水工业关键技术研究"，研究的重点是城市污水处理技术集成化与决策支持系统建设，包括回用技术集成的研究和城市污水地下回灌深度处理技术研究两部分内容（蔡园园和刘二中，2012）。从"七五"到"九五"的 15 年期间，以科技为先行，以示范工程为样板，把我国的污水回用技术推到了国际水平上，但由于管理体制的限制，一些城市在水资源规划中遗漏了对水回用的规划，回用工程资金不足，以及一些地方一些行业部门没有从传统观念上解脱出来，动不动就长距离跨流域调水，没把污水看作资源，因此这期间全国污水回用工程建设较少，污水回用没有得到大范围推广（周彤，2003；宋达陆等，2005）。

3. 全面启动污水回用阶段

2000 年的大旱，给人们敲响了警钟，中国的水资源问题变得日益严重，寻找替代水源已成为当务之急。以全国城市供水节水会议为契机，以"十五"纲要为标志，污水回用被正式写入文件，表明我国开始全面启动污水回用，很多地区和城市开始进行污水回用的工业化推广，明确要把污水变成城市第二水源（宋达陆等，2005）。

"十五"（2001~2005 年）期间将"水资源安全保障"作为重大专项，研究重点是污水资源化利用技术与示范，主要包括四部分内容：①城市污水回用于工业冷却、市政景观、农田灌溉、生活杂用的水质处理技术与示范；②雨、污水地下回灌水质技术与示范；③油田废水及其他工业废水再生回用处理技术及示范；④水工业关键技术设备的开发与产业化。建设部和国家经贸委联合发文，对创建节水城市提出量化考核指标，其中指定污水处理回用作为主要考核项目（周彤，2001）。

"十五"到"十一五"期间，北方地区缺水城市污水处理回用率基本达到规划指标，在全国兴起了一股再生水利用的高潮，2012年全国再生水利用量达到44.3亿 m^3，北京市城市再生水利用率接近污水处理量的70%。

"十一五"规划期间，首次制订污水再生利用专项规划，并在"节水型社会建设'十一五'规划"中提出鼓励开发和利用再生水等非常规水源，国家大力推进城市污水处理回用，对城市污水处理回用示范项目给予必要的补助，合理确定再生水水价。《十四五城镇污水处理及资源化利用发展规划》中着力推进城镇污水处理基础设施建设，补齐过往存在的短板弱项，明确到2025年，基本消除城市建成区生活污水直排口和收集处理设施空白区、全国地级及以上缺水城市再生水利用率达到25%以上，京津冀地区达到35%以上，黄河流域中下游地级及以上缺水城市力争达到30%。目前，我国申请建设立项的污水处理厂大都包括了回用部分，努力做到处理与回用同时立项、同时投产，污水回用已正式进入全面启动阶段。

3.1.2 国外水回用发展历程

国外水回用的发展历程分别是1960年之前的起步阶段和1960年后的发展阶段（杨茂钢等，2013）

1. 起步阶段

这一阶段，再生水主要回用于农业灌溉和工业，其处理技术也由最初的直接利用到后来的氯消毒后使用，由单系统供水到双系统供水。总体而言，1960年之前国外再生水主要用于工业、景观环境、农林牧业，处理技术比较简单。1960年之前国外再生水利用的标志性事件见表3-1。

表 3-1 1960 年之前国外再生水利用的标志性事件

时间	国家或地区	事件
约公元前3000年	希腊克里特岛	米诺斯文明：污水回用于农林牧业
公元97年	意大利罗马	罗马市有了供水委员

时间	国家或地区	事件
1500 年	德国	用污水处理厂进行污水处置
1700 年	英国	用污水处理厂进行污水处置
1800 ~ 1850 年	法国、英国、美国	巴黎立法使用下水管道处置人类废物
1875 ~ 1900 年	法国、英国	证实水中存在微生物污染
1890 年	墨西哥城	建立下水管道收集未处理废水用于灌溉农业区
1906 年	新泽西州泽西市	加氯消毒自来水
1906 年	美国加利福尼亚州	首次公布了污水回用水质的公众健康观
1908 年	英国	奇克对消毒动力学做了阐述
1913 ~ 1914 年	美国和英国	马萨诸塞州的劳伦斯试验站发展了活性污泥法
1926 年	美国	大峡谷国家公园处理后污水第一次采用双水系统
1929 年	美国	加利福尼亚州波莫纳市发起了一项利用再生水浇灌绿地和公园的工程
1932 ~ 1985 年	加利福尼亚州圣弗朗西斯科市（旧金山市）	处理后的废水用于浇灌金门公园草坪和补给装饰性湖泊
1955 年	日本	东京城市污水局将三河岛污水处理厂的污水供给工业用水

资料来源：曲炜，2011

2. 发展阶段

1960 年之后的国外再生水利用发展迅速，再生水的用途增加了地下水回灌、城市非饮用水等，处理技术也由最初的"老三段"发展到膜处理以及各种工艺的集成等。其中以美国的再生水利用事业发展最为迅速，1960 年之后国外再生水利用的标志性事件见表 3-2。

表 3-2　1960 年之后国外再生水利用的标志性事件

时间	地区	事件
1962 年	突尼斯	再生水灌溉柑橘果园；回灌地下以降低海水对海滨地下水倒灌
1965 年	以色列	再生水用于运动场、草地和墓地的景观灌溉
1968 年	纳米比亚温得和克市	污水处理厂二级出水用于农作物灌溉
1969 年	澳大利亚沃加沃加市	再生水用于直饮水及实施的研究
1977 年	以色列特拉维夫市	回灌地下水

时间	地区	事件
1984 年	日本东京市	新宿地区将东京城市污水局管理的污水处理厂的再生水用于商业楼冲厕
1988 年	英国布莱顿市	在第 14 届国际水协大会上专家组对污水再生、循环和回用进行讨论和研究
1989 年	西班牙赫罗纳省	用布拉瓦海岸污水处理厂的再生水浇灌高尔夫球场
1999 年	澳大利亚阿德莱德市	用玻利瓦尔污水处理厂的再生水灌溉农田
2000 年	新加坡	经微滤、反渗透和超声波消毒的深度净化的再生水作为水源补给新加坡的供水

资料来源：曲炜，2011

3.2 法律法规对水回用的影响

3.2.1 我国法律法规对水回用的影响

目前我国的水资源保护基本上形成了以《宪法》为核心，以《水法》《环境保护法》《水污染防治法》等为基本内容，以《取水许可和水资源费征收管理条例》《建设项目环境保护管理办法》《中华人民共和国河道管理条例》《入河排污口监督管理办法》《水功能区监督管理办法》等行政法规、部门规章为配套措施，以及大量地方性水资源保护立法与以《地面水环境质量标准》（GB 3838—2002）、《污水综合排放标准》（GB 8978—1996）、《生活饮用水卫生标准》（GB 5749—2022）、《渔业水质标准》（GB 11607—1989）、《农田灌溉水质标准》（GB 5084—2021）为实施依据的水资源保护法规体系（吴国平和杨国胜，2016）。这些法规体系的建立，使得污水的处理与排放有了衡量标准，保证了废水的排放质量，增加了水回用的可能性。

回用水水质标准是保证用水安全可靠及选择经济合理的水处理工艺流程的基本依据，是关系公众健康、生产安全和维系再生水利用事业发展的关键。污水水质和回用对象情况复杂，使用中水的范围非常广，目前我国还没有中水回用的统一标准，因此在中水回用时水质标准一般参考相关的行业标准或地方中水回用标准，我国陆续制定和颁布了有关城市污水处理回用的系列标准如下：《再生水水质标准》（SL 368—2006）、《城市污水再生利用　分类》（GB/T 18919—2002）、《城市污水再生利用　城市杂用水水质》（GB/T 18920—2020）、《城市污水再生利用　景观环境用水水质》（GB/T 18921—2019）、《城市污水再生利用　工业用水水质》（GB/T 19923—2005）、《城市污水再生利用　地下水回灌水质》（GB/T 19772—2005）、《城市污水再生利用　农田灌溉用水水质》（GB 20922—2007）。这些关于污水再利用的水质标准，组成了较为完整的标准体系。

我国近20年来，随着城市水荒的加剧，各级领导对水的问题越来越关注，逐渐认识到21世纪不是能源危机，而是"水的危机"。不少城市用水资源频频告急，改革之城深圳深受缺水之苦，沿海城市大连每年因缺水减少工业产值10亿元以上，京津缺水、辽南、山西缺水、内蒙古、新疆更是视水为油。在解决水资源短缺问题时，人们自然转向了城市污水资源，因资金有限，结合国情发展以回用于农业、工业、市政为主要目标，采用不同层次的人工与自然净化相结合的污水处理与回用系统。国家"七五""八五"期间完成的重大科技攻关项目"城市污水资源化研究"（蔡园园和刘二中，2012），针对我国北方部分城市在经济发展中急需解决的缺水问题，研究开发出适用于部分缺水城市的污水回用成套技术、水质指标及回用途径，完成了规划方法及政策法规等基础性工作，在北京、天津、秦皇岛、大连、太原、泰安、青岛、邯郸、大同、沈阳、威海、大庆、深圳等十余个城市重点开展污水回用事业，并相继建设了回用于市政景观、工业冷却等示范工程，为我国城市污水回用提供了技术与设计依据，并积累了一定经验。

我国早在20世纪50年代就开始采用污水灌溉的方式回用污水，但真正将污水深度处理后回用于城市生活和工业生产则是近20年才发展起来的。最先开始的污水回用是大楼污水的再利用，然后逐渐扩大到缺水城市各行各业的污水再利用。改革开放40余年来，我国年均地下水开采量超过25亿m^3，全国有400个以上的城市在共同开采和利用地下水，地下水在城市中的淡水用水总量达到30%以上，某些西北、华北城市在地下水利用比例上高达70%（张学伟，2017），为了涵养水源，保障地下水资源可持续开发利用，不少学者开始深入分析地下水开采和人工回灌补给地下水。目前我国再生水的地下回灌技术研究起步较晚，能够实际应用工程的很少，远不能满足再生水安全回灌的要求。

《2016年城乡建设统计公报》和《2020年城市建设统计年鉴》指出，截至2020年，全国城市污水处理厂2618座，处理能力为19267万m^3/d，污水年排放量5713633万m^3，污水年处理量为5572782万m^3。城市污水处理率为97.53%，城市污水处理厂集中处理率为95.78%。2020年，全国城市市政再生水生产能力为6096.16万m^3/d，市政再生水利用量为1353832.24万m^3，管道长度为14630.02km。2015~2020年全国污水处理发展情况见表3-3。

表 3-3　我国污水处理发展情况（2015～2020 年）

项目	2015 年	2016 年	2017 年	2018 年	2019 年	2020 年
污水处理厂/座	1944	2039	2209	2321	2471	2618
污水处理能力/（万 m³/d））	14038	14910	15743	16881	17863	19267
城市污水处理率/%	91.90	93.44	94.54	95.49	96.81	97.53
再生水生产能力/（万 m³/d）	2317	2762	3588	4067	5025	6095
再生水利用量/亿 m³	44.50	45.30	71.34	85.45	126.17	135.38

资料来源：住建部统计数据。

　　我国的污水回用率有所提升，但还有很大发展和进步的空间，城市污水处理回用主要用于景观环境，其次是工业与农林牧业，城市非饮用与地下水回灌比例很小。

　　根据住房和城乡建设部的统计，2020 年污水处理及其再生利用的投资为1043.4 亿元。我国的城市污水处理回用设施建设总体上呈现集中式与分散式相结合的特点。集中式再生水设施主要建于我国北方，尤其是华北地区，南方总体偏弱。在一些城市，政府没有足够的经济实力发展集中式污水处理回用设施，就以发展分散式为主，代表城市如昆明市。

　　近几年，中水回用工程日益受到国家和社会的重视，国内很多城市都根据实际情况建设了中水回用设施，处理规模基本在每天几万至几十万吨。可以预见，随着我国经济持续发展和污水处理规模的不断扩大，作为解决水污染和水资源短缺的污水处理回用技术和事业，必将得到更好的应用和发展。

　　截至 2021 年 10 月，我国准备和正在建设的中水回用项目有 60 个。由此可见我国城市污水回用事业将有巨大的发展空间和潜力。我国部分地区污水回用工程实例如表 3-4 所示。

表 3-4　国内部分城市污水回用工程实例

回用工程地点	回用规模/（万 m³/d）	回用工艺	回用目标
北京高碑店污水处理厂	30	消毒过滤	冷却、城市市政杂用
天津纪庄子污水处理厂	10	消毒过滤	造纸及其他工业
太原杨家堡污水处理厂	2.4	生物接触氧化、过滤消毒	工业用水及化工冷却水
青岛海泊河污水处理厂	1	纤维球过滤、消毒	工业及城市杂用水
西安西郊污水处理厂	6	絮凝、过滤消毒	工业冷却、洗车、绿化

续表

回用工程地点	回用规模/（万 m³/d）	回用工艺	回用目标
石家庄桥西污水处理厂	10	消毒过滤	景观河道
泰安污水处理厂	2	砂滤、消毒	工业、景观河道

3.2.2 国外法律法规对水回用的影响

1. 美国

对废水排放和水回用有重大影响的两条联邦法令分别是水污染控制法及其修改版，也就是现在人们所熟知的《清洁水法》（Clean Water Act，CWA）和《安全饮用水法》（Safety Drinking Water Act，SDWA）（Metcalf & Eddy AECOM，2011），这两项法令决定了回用水的质量和数量。1948 年，美国颁布施行了《联邦水污染控制法》。美国的清洁水法案是 1977 年对 1972 年《联邦水污染控制法》的修正案，它制定了控制美国污水排放的基本法规《清洁水法》。该法案使得任何人，除非根据该法获得污水排放的许可证，不得从点污染源向可航行的水道中排放污水。《安全饮用水法》于 1974 年由美国国会通过，旨在通过对美国公用饮用水公司系统实施规范管理，以确保公众的身体健康，该法为饮用水提供了法律保障，直接影响了废水的水质状况。

美国在城市污水回用上，有联邦、州和地方各级立法，地方根据其污水回用设施（有的地方没有污水回用设施）进行立法，主要是《回用管理条例》（Reuse Ordinance）和《用户合同》（User Agreement）（宋达陆等，2005）。1992 年，美国国家环境保护局编制了《水回用建议指导书》，其内容以污水处理工艺、水质标准、监测指标与监测频率、再生水输送安全距离为主，为那些暂时没有法律法规、水质标准与设计规范可遵守的地区提供了指导作用（杨茂钢等，2013）。

2. 日本

早在 1973 年，东京市政府就颁布了有关节约水资源的政策，同时开始提出污水的回收和再利用，1984 年东京市政府制定了《再生水回用指南》及相应的技术处理措施，2009 年，日本政府又制定了关于再生水回用的新政策，并提出了未来再生水利用的新模式（李纯等，2010）。

3. 法国

欧洲为了鼓励再生水回用很早就进行了相关立法，规定"处理过的污水可以在适当的时候进行再利用"。2007 年，国际卫生组织发布了关于促进再生水循环利用的措施，为顺应国际趋势，法国参议院就再生水的利用做出了相关的法律规定，于 2003 年 5 月起开始执行（李纯等，2010）。

4. 发展中国家

在发展中国家，大城市经处理的污水常用于灌溉近郊的农田，污水可直接来自污水处理厂。将污水导流回收，用于工业或城市其他非生活用水用途，会剥夺或严重影响下游原灌溉用户对污水的使用权。在绝大多数国家，习惯或根据习惯形成的法律，常赋予原农业用户在一定条件下使用一定污水量的权利。污水回用不规范可能会导致居民接触病原菌和有毒污染物，产生潜在的公共卫生问题，因此会制定公共卫生与环境保护的法律法规防止或减轻环境和健康问题。

3.3　北京水回用案例研究

3.3.1　水回用现状

北京于 1990 年开始开发再生水，到 2003 年已实现对再生水的从无到有，随着再生水设施的逐步规模化、再生水使用对象的进一步明确以及政府政策的大力推动，再生水利用量逐年递增（张佳新等，2017）。近 10 年，北京再生水利用稳步推进，再生水供应量由 7.0 亿 m³ 增加到 12.0 亿 m³，再生水供应比例由 19.4% 逐步增加到 29.6%（刘璐，2022）。2020 年全市再生水利用量超 12 亿 m³，占北京年度水资源配置总量近三成，污水处理能力为 22.8 万 m³/d，再生水生产能力为 687.9 万 m³/d，有力支撑了首都经济社会持续健康发展。

北京市污水利用已有较长历史，从污水灌溉、工业废水厂内处理回用到单栋建筑中水道系统，都进行了有益的实践。但是除污水灌溉外，再生水在城市回用方面的发展并不顺利。

3.3.2　水回用经验

（1）注重发展规划。发展规划分两层：一是再生水发展要符合城市整体大规划的要求；二是作为专项规划，再生水本身的发展规划应确定是切实可行的、分阶段的实施方案（霍健，2011）。

（2）完善再生水相关指标。"十三五"期间，北京市以水资源保障和供水安全为核心，重点解决水资源短缺、水环境恶化等突出问题，大力推广利用再生水，扩大再生水利用范围和利用量，为保障再生水利用的安全性，结合北京市再生水使用，尽快补充污水处理厂、再生水出厂水质监测控制污染物指标，使再生水出水水质符合农业、工业、市政和环境的用水要求。

（3）合理选择处理工艺。先进的科学技术提高了污水处理能力，随着科学技术的发展和市场的拓展，处理效率高的新工艺将逐步替代处理效率低的老旧处理工艺，其投资和运行费用也会通过市场调节趋于合理。因此，新建、改建污水处理厂和再生水厂，考虑投资及运行费用的同时，要做好污水处理工艺的比选，尽量使用处理效率高的污水处理工艺。

（4）减少自建污水处理站的建设。鉴于自建污水处理站建设、管理的现实问题，建设已列入规划建设的污水处理厂和再生水管线铺设范围内的小区及公建，临时使用自来水替代再生水或者外购再生水，不进行自建污水处理站的建设，减少不可控因素的发生。同时，推动大型污水处理厂建设及再生水管线铺设工程，早日实现市政再生水的全覆盖。大型污水处理厂水源充足，一定规模的处理量不但可以降低再生水运行成本，再生水水质也可以得到有效保障（刘乔木，2016）。

3.3.3　水回用法规政策

北京是个严重缺水城市，中水回用也走在全国的前列。从 20 世纪 80 年代中期开始，北京市就以政府问价形式提倡使用中水，1987 年北京市政府在总结中水设施和管理经验的基础上，制定并颁布了《北京市中水设施建设管理试行办法》，规定在全市范围内建筑面积 2 万 m² 以上的宾馆、饭店和建筑面积 3 万 m² 以上的其他公共建筑要配套建设中水设施（马东春等，2020）。1996 年，建设部颁发了《城市中水设施管理暂行办法》，再次规定建筑面积 2 万 m² 的旅馆、饭店、公寓等，超过 3 万 m² 的机关、科研、大专院校、大型文化体育设施必须修建中水设施。除此之外，2001 年，北京市公布了《关于加强建设项目节约用水设施管理的通知》，建筑面积在 5 万 m² 以上，或可回收水量大于 150 万 m³/d 的新建居住区和集中建筑区，必须建设中水设施。自 2004 年成立北京市水务局，北京市不断加大再生水利用工作力度，在污水处理、再生水利用等方面出台了《北京市排水和再生水管理办法》《北京市节约用水办法》规章制度和《关于进一步加强污水处理和再生水利用工作的意见》等一系列规范性文件（表3-5），对再生水用途、监管、价格、行业投融资等方面进行规范和指引，创造了良好的再生水发展环境。

表 3-5　北京市再生水利用规章、规范性文件

名称	出台时间	相关内容
《北京市排水和再生水管理办法》	2009 年	明确将再生水纳入水资源统一配置，确定了再生水主要用于工业、农业、环境等用水领域
《北京市节约用水办法》	2012 年	明确规定住宅小区、单位内部的景观环境用水和其他市政杂用用水须使用雨水或再生水，不得使用自来水，鼓励使用雨水和再生水进行绿化
《关于进一步加强污水处理和再生水利用工作的意见》	2012 年	提出到"十二五"末全市污水处理率要达到90%以上；明确污水处理和再生水利用工程建设体系、运营监管体系等内容
《北京市加快污水处理和再生水利用设施建设三年行动方案（2013～2015）》	2013 年	明确以加快污水处理和再生水利用设施建设为核心，建立市场化投融资模式
《北京市进一步加快推进污水处理和再生水利用工作三年行动方案（2016 年 7 月～2019 年 6 月）》	2016 年	明确到2019年底，全市污水处理率达到94%；努力解决再生水从生产到利用"最后一公里"问题，进一步扩大再生水利用量
《北京市进一步加快推进城乡水环境治理工作三年行动方案（2019 年 7 月–2022 年 6 月）》	2019 年	明确到2022年底，全市污水处理率达到97%；完善城镇地区污水处理和再生水利用设施和支持政策
《北京市节水行动实施方案》	2020 年	要求园林绿化用水逐步退出自来水；地下水灌溉，景观用水应当使用再生水或雨水

资料来源：刘璐，2022。

3.3.4　再生水的应用前景

北京市是我国污水回用发展较快的城市，目前正在加快中水回用的规划和建设，通过"分质供水、优水优用"引导使用再生水；同时，全面推进再生水输配管网配套建设，加强自来水厂、污水处理厂、再生水的"三点"与城市供水管网、污水收集管网、再生水输配管网的"三网"统筹；应推动建立分质供水、分质定价的价格体系；积极开展再生水宣传，提升宣传教育的鲜活性和实效性，引导人们对再生水利用形成正确的观念。"十四五"时期北京再生水发展的主要

目标是，到 2025 年，北京市污水处理能力达 800 万 m³/d，全市污水处理率达 98%；农村生活污水得到全面有效治理，全市农村生活污水处理率达 75%；再生水利用率稳步提升，配置体系进一步完善；污泥无害化处置、资源化利用水平进一步提高，全市污泥本地资源化利用率达 20% 以上；污水资源化利用政策体系和市场机制基本建立。远景目标，到 2035 年北京市污水处理能力达到 900 万 m³/d，全市城乡污水基本实现全处理，全市再生水利用率达 70% 以上，全面实现污泥无害化处置，污泥资源化利用水平显著提升，形成系统、安全、环保、经济的污水处理及资源化利用格局，支撑构建绿色、生态、安全的水生态环境。

3.4 西部缺水地区水回用案例研究

3.4.1 水回用现状

西安市虽有"八水"环绕，但西安市仍是西北内陆严重缺水城市之一，全市多年平均水资源总量为 23.47 亿 m³，人均占有水资源量 278m³，仅相当于全国平均水平的 13.25%，是全国水资源较为短缺的城市之一（赵立，2020）。经过多年的中水生产及回用设施建设，目前西安市已经形成以大型集中式中水回用模式为主，小型分散式中水回用模式为辅的中水回用体系，中水被回用于河湖生态补水、工业生产用水及城市杂用水。在西安市政府部门强力推动下，西安中水回用迅速升温，中水管道铺设达到 115km，城区中水生产能力达到 18.5 万 m³/d，回用率从 2011 年的 3% 增长到 2014 年的 13.7%，主要用于景观湖补水、市政园林绿化及工业冷却用水等。2011 年，西安市已建成 16 座污水处理厂，污水处理能力达 126.6 万 m³/d，城区污水处理率达 75%，县城污水处理率达 60%。据统计，高新区目前已累计中水生产量 2.0 万 m³/d，中水使用量 1.5 万 m³/d，已建成中水管网 20km。刘晓君等（2017）研究发现，西安市现实污水处理能力约为 80 万 m³/d，再生水处理能力为 18m³/d，而再生水供水量约为 2.5 万 m³/d，利用率仅为 3.1%。截至 2018 年 12 月底，西安市已建成污水处理厂 30 座，投运 23 座，调试 7 座，污水处理能力达 310.1 万 m³/d，其中：城九区处理能力为 299.5 万 m³/d，县城处理能力为 10.6 万 m³/d。2018 年全市城镇污水集中处理量为 83256.54 万 m³，出水达标率 99%，设施平均负荷率为 88%，其中，城九区处理量 79302.25 万 m³、处理率 96.6%，县城处理量 3954.29 万 m³、处理率 83.5%。总体上，西安城镇污水处理设施建设和运行情况处于全国前列，但由于管网配套不完善，雨污分流不彻底，部分污水处理厂在强降水天气下会发生溢流现象（赵立，2020）。

据统计，西安主城区有 12 座（处）再生水处理设施（含高校再生水利用设施），再生水生产规模 65 万 m^3/d。2018 年再生水利用量为 15752 万 m^3，利用率为 17%（吴继强和李晓辉，2020）。

随着西安市节水型社会的建设和节水宣传力度的深入人心，全市分散式污水处理厂也逐步发展起来，一些高等院校、企事业单位以及大型建筑区等也先后自建了污水处理和回用设施，实现了区域污水再生利用。

3.4.2 水回用经验

（1）建立灵活的城市再生水系统。在火电厂冷却水需求量大的省（市）应重点建设集中型再生水系统，本着从污水厂到热电厂为主管道，沿途留有接水口，供有需要的用水户铺设管道到主管网接水口取水的原则进行规划，再生水管网规划范围内的新建企业、宾馆、饭店、机关、大学、医院、居民小区等必须先铺设再生水管道，对于不在再生水管网规划范围内和不适宜进行再生水集中处理的用水单位，要灵活、简便、有效地进行分散处理。

（2）分质供水、高水高用。西安市污水处理厂的出水水质均达到了一级 A 标准，基本满足了景观环境再生水水质的标准要求，按照分质标准、高水高用的原则，充分考虑西安景观湖池等用水对象对水质的需求，可就近利用污水处理厂的出水补充河道及湖池、湿地等景观环境需水，在节约新鲜水资源的同时提高污水排放的利用率。

（3）加快管网及设施建设，全力推进市内景观湖池再生水补给。结合西安市开展海绵城市和地下管廊的建设，在全面了解再生水用水户对水质和水量需求的基础上，大力推进再生水水厂向景观湖池和工业区的供水管网及配套设施的建设，从根本上改变和扭转市内景观湖池和工业企业采用地下水、地表新鲜水补给的供水模式，实现再生水利用和节约水资源的目标（吴继强等，2017）。

3.4.3 水回用法规政策

2012 年西安市出台了《西安市城市污水处理和再生水利用条例》，对再生水的各个环节作出了系统性的规范，其中包括再生水源、处理设施及管网、再生水利用、设施维护等。条例中将再生水的利用正式纳入法律范畴，明确规定若违反条例将会承担相应的法律责任，这让西安市再生水利用工作有了强大的政策支持。2013 年颁布《西安市城市供水用水条例》，该条例中明确指出将再生水作为城市供水的第二水源，为全市再生水的利用提供了法律保障，该条例在 2017 年进行了修订，对于供水工程的设计、施工、监理等细节进行了进一步的规范和指导。目前，还没有相关法律法规对中水利用进行硬性要求，致使政府及中水潜在使用者对中水的认识和重视普遍不足（赵立，2020）。

3.4.4　再生水的应用前景

并非所有用途的水都需要优质水（张秋菊等，2011），因此可以根据使用对象和用途的不同，提供不同水质的水源，为了避免因市政、娱乐、景观、环境用水量过多而占用居民生活所需的优质水，可以采用满足其水质要求的较低水质的再生水水源，以扩大可利用水资源的范围和水的有效利用程度，再生水的取水成本和制水成本都低于自来水，有明显的价格优势，可以降低用户的水费开支，具有很大的应用前景。

3.5　世界其他地区水回用

3.5.1　世界范围水回用发展

中水开发与回用技术在美国、日本、以色列等国家已得到广泛应用。再生水具有水源稳定、水质达标、生产成本低等优势，能有效缓解缺水地区的水危机，可应用于城市河湖景观环境、市政杂用、地下水源补给、农业灌溉、工业以及居民日常生活用水等方面（杨茂钢等，2013）。

1. 美国

美国是世界上采用污水再生利用最早的国家之一，20 世纪 70 年代初开始大规模建设污水处理厂，随后即开始了回用污水的研究和应用（曲炜，2013）。美国的城市污水处理等级基本都在二级以上，处理率达到 100%。美国的城市污水再生利用以及从试验研究阶段进入生产应用阶段，其范围涉及农业、工业、地下水回灌和景观娱乐方面，其比例大致为 62% 用于地下回灌和景观，31.5% 用于工业，5% 用于地下回灌，1.5% 用于娱乐、渔业等。美国再生水利用模式的突出特点是集中处理回用，很少直接用于城市生活杂用。再生水利用工程主要分布在水资源短缺、地下水严重超采的西南部和中南部。美国各州的再生水标准不一，并且针对不同的回用对象所制定的标准也不一样，总的来说标准都很严格。

2. 日本

日本在 20 世纪 60 年代起就开始使用中水，70 年代初已初现规模，90 年代初在全国范围内进行了废水再生回用的调查研究和工艺设计。东京、名古屋、川崎、福冈等地考虑将城市污水处理厂的出水经进一步处理后回用于工业、生活或生活杂用（曲炜，2013）1997 年年底，在日本能够提供建筑物、建筑物群、居民小区的冲厕或其他非生活饮用的杂用水的污水净化设施共有 1475 套，回用水量为 0.71 亿 m^3/a，占城市总供水量（165 亿 m^3/a）0.4%（李雪双，2010）。日本将中水作为"城市中丰富的水资源"予以重视，并在部分地区率先使用普通市政供水和中水双管网系统。在日本，污水回用的主要目标是将再生水用于居民区、商业区和学校杂用，包括回用于厕所冲洗、绿化灌溉、娱乐性湖泊、美化环境。日本的水资源主要依靠河流，其流量随雨量而变化，几乎没有新水源可开发，对水资源的管理，除了实行定量供水外，还有开发城市污水再利用资源，处理后的污水直接作为城市工业用水或生活卫生杂用水（Takeuchi and Tanaka，2020）。

3. 以色列

以色列是一个水资源极度贫乏的国家，70% 的国土为沙漠。但以色列的污水资源化发展水平处于世界先进行列，被认为是水资源管理和利用最科学的国家。由于地处干旱和半干旱地区，以色列是最早使用再生水进行农作物灌溉的国家之一，也是在中水回用方面最具特色的国家之一，其工业农业及国民经济发展之所以能取得惊人的成就，除了大力发展高科技外，推行污水回用政策也为国家的生存和发展提供了可靠保证。以色列污水资源化发展的主要特点在于具有健全的水资源管理制度和机构。针对其水资源匮乏的现状，以色列政府从工程技术上应用了一系列的工程和非工程措施，加强对水资源利用的管理，提高效率。以色列利用法律的形式对污水回用给予保障，如法规规定，在紧靠地中海的滨海地区，若污水没有得到充分利用，就不允许使用海水淡化水。

以色列的污水处理和回用技术一直处于世界先进水平，是当今世界上水资源化最高的国家（Friedler，2011），以色列污水回收率达 75%，居世界第一位（张永晖，2013）。在以色列，农业及工业生产用水大多取自污水，100% 的生活污水和 72% 的市政污水得到回用（张永晖，2013）。

4. 澳大利亚

澳大利亚于 20 世纪 90 年代早期开始对再生水进行利用，再生水在 2001～

2003 年全国干旱时期发挥了重大的作用，500 多座城市污水处理厂生产的再生水有效缓解了干旱缺水和国家限水政策给城市发展和居民生活带来的压力，甚至在缺水地区一度成为不可替代的饮用水源。澳大利亚农村的再生水利用要多于城市，内陆城市要多于沿海城市，未来对于再生水的利用计划主要向悉尼、堪培拉、昆士兰、墨尔本以及南澳大利亚发展。2004 年颁布的《墨尔本都市水计划》中指出，再生水将更多地应用于钢铁厂、高尔夫球场、牧场、公园景观用水以及住宅用水等方面。2004 年，昆士兰颁布《再生水安全利用指南》草案，旨在鼓励对再生水的利用与发展。与此同时，布里斯班也积极开展综合区域内的再生水利用，建立再生水开发与监管部门，确保所有区域绿地的发展要有再生水利用的规划与设计，将再生水的 20% 替代城市饮用水源，实现零污水排入莫顿湾，保持对再生水的可持续使用（杨茂钢等，2013）。

再生水在澳大利亚悉尼奥运村被广泛利用，其中包括：大面积的草坪灌溉、冲厕、消防、洗衣、装饰以及喷泉娱乐场所和新商业区用水。悉尼奥运村再生水利用项目的关键和核心是再生水的质量，采用两条供水管网分别输送再生水和饮用水，与日本的双管供水系统相似；为了保障公共健康和饮水安全，对再生水水质进行连续监测，并且在所有使用再生水的地区采取有效措施减少再生水与饮用水接触的风险，尤其是再生水和饮用水共同使用的地方应有明显的标志和公共警示信息。悉尼的再生水循环过程包含一系列新兴、有效的技术，这些技术应用于生物处理过程、微过滤和反过滤过程；使用高科技的远程控制系统对循环再生水的操作和监控进行自动和连续的监测，确保再生水水质安全（Briggs，2001；Radcliffe and Page，2020）。

5. 德国

德国是欧洲开展再生水回灌地下水较早的国家之一。德国（西德）从 1976 年开始制定污水达标排放标准、污水治理措施及相应的污水排放量控制的法律法规。柏林 20 世纪 70 年代将再生水用于地下水回灌，德国生态城市埃朗根 1979 年将深度处理的污水通过土壤渗滤补充地下水，以此来解决地下水水位下降问题。据统计，1970~1994 年德国政府投资于污水建设方面的资金超过 150 亿马克（德国马克，2002 年停用），其中约 109 亿马克用于排污系统建设，46 亿马克用于污水处理厂建设（苏明等，2010）。德国污水资源化技术先进，管理模式规范，水业管理吸引多方投资。位于国内中心地带的柏林地区有专门负责管理用水和污水的水业公司，它不仅带来社会效益，保护水资源和自然环境，同时创造丰富的经济效益，使国家的水业管理日益规范化，水利建设走上良好的发展道路。除此之外，不伦瑞克市还设有污水协会，专门管理该市的污水问题，保证了污水资源的有效利用。德国在重视污水资源的重复利用的同时，在活性污泥的处理上也取得显著效果（郝仲勇和张文理，2001）。

6. 约旦、突尼斯、科威特、新加坡、纳米比亚、印度等国

约旦的大多数城市已建立了污水处理厂，出水达到了世界卫生组织回收水用于灌溉的规定。2000 年，18 家污水处理厂排放的污水总量为每年 7200 万 m^3，相当于约旦总污水量的 51%。回收水早已被视为是一种有价值的可供灌溉的资源，同时也被认为是约旦水策略中一项重要的水资源（Bahri，2001）。截至 2022 年，约旦已运营 34 个污水处理厂，经处理后用于农业的废水约占灌溉用水总量的 25%。

突尼斯是北非发展污水回用最积极的国家。20 世纪 80 年代初期，制定了污水回用政策，污水回用的主要对象是农业。为提高回用率，突尼斯采用蓄水池或地下蓄水层对再生水进行储存。突尼斯在污水回用方面的尝试取得了良好的效果。

科威特 1994 年回收水灌溉的全部面积达整个灌溉面积（4770 万 m^3）的 25%（付忠志，2004）。然而，科威特的国家环境资源保护政策是要再利用所有的污水，因此，科威特科学院建立了污水处理及使用的项目，以开发并加速污水的再利用，并建立了污水再利用灌溉的质量标准，使回收水可用于灌溉可食用蔬菜（土豆和菜花）和工业作物、饲料作物以及绿化高速公路。

在新加坡，再生水被称为"新生水"，其工艺流程比再生水复杂，水质要求高，要达到饮用水标准。新生水的大致工艺流程为：城市污水经完全收集后输送到污水处理厂，经过严格的二级处理，再通过两个阶段的膜处理和紫外线消毒处理，成为新生水。早在 2003 年，新生水就已经作为自来水的一部分，成为新加坡的供水来源之一（范冬庆等，2016）。

纳米比亚为了解决旱季严重缺水的问题，1968 年在温得和克建造了一座日均污水处理量为 4800 m^3/d 的再生水厂，这是世界上第一座饮用水的再生水厂。污水经深度处理后，直接作为生活饮用水水源，水质达到世界卫生组织和美国环保局公布的标准。运行近 40 年，水厂一直稳定地生产出可接受的饮用水水质的再生利用水。经过几次扩建，水厂产水量已经达到 2.1 万 m^3/d，处理工艺采用双膜过滤技术。1968 年以来，再生利用水占温得和克总供水量的 4%，但在旱季严重缺水季节，再生利用水所占的比例可以达到 31%。

印度随着人口增长和城市化速度加快，一些大城市，如孟买、加尔各答水资源十分紧缺，因此水资源保护与污水回用备受重视。据估计在棉纺、石化等工业中具有相当规模的工业废水回用，项目至少有上百个；另外，还有些自成体系的

高层建筑污水回用（如作为空调系统补充水）系统。在印度以城市污水和工业废水直接回用于农业灌溉较为广泛，并多以农场为主。

韩国政府从税收、水费等方面鼓励大型公共建筑安装中水设施，其后又规定凡是每天的用水量在 300m³ 以上的建筑物，必须安装中水设施。

南非的约翰内斯堡每天有 9.4 万 m³ 饮用水来自再生水工厂，由于处理得当，没有发生卫生问题。

巴西在将城市污水回用于绿化、冲厕、冲洗道路、洗车等方面做了大量的研究和实践（马保军，2010）。

位于干旱区的海湾阿拉伯国家合作委员会，超过 35% 的废水经过处理后被回用，能够占到总供水量的 2.2%。

除了上述国家外，全世界还有很多国家的废水回用得到了较快的发展，如加拿大、希腊等国家污水资源化都在世界上处于先进行列。表 3-6 列举了 20 世纪世界上典型的污水再生水大型工程（李健光等，2012）。

表 3-6　20 世纪世界上典型的污水再生水大型工程

国家	工厂或项目所在地	再生水量/（万 m³/d）	用途
美国	马里兰州伯利恒钢铁公司	40.1	炼钢冷却水
美国	加利福尼亚奥兰治和洛杉矶	20.0	工业冷却水
美国	美国密执安州	15.9	浇灌
美国	内华达州动力公司	10.2	火电冷却水
日本	日本东京	7.1	工业用水
以色列	以色列达恩地区	27.4	浇灌
墨西哥	墨西哥联邦区	15.5	浇灌美化
沙特阿拉伯	沙特阿拉伯利雅得市	12.0	石油提炼
波兰	波兰弗罗茨瓦夫市	17.0	灌溉补充

3.5.2　其他国家水回用经验

再生水的开发与利用有效缓解了世界各国缺水地区的水危机，从经济、环保、可持续使用等角度都具有独特的优势。总体来讲，美国、日本、以色列等国家在再生水回用量与回用技术上处于领先地位，其发展污水回收利用的时间较早且技术比较成熟，再生水水质标准要求高，并且已经广泛应用于各行各业。其中，美国、以色列将再生水多数用于农业灌溉等方面，日本将再生水多数用于城市河道景观等方面，欧洲开展再生水的利用起步也较早，主要集中于德国、荷兰、比利时、意大利、西班牙和一些旅游业发达的国家，有效利用再生水为居民的生活提供了便利（杨茂钢等，2013）。

1. 美国污水资源化的成功经验

（1）实现了水管理理念的转变，经历了"水开发""水管理""可持续水管理"三个发展阶段。作为解决部分地区水资源不足和保护环境的有效途径，美国政府从 20 世纪 70 年代初就开始大规模地发展污水处理，重视开发水资源的工程建设；从 80 年代后期起，开始大量投入人力、资金和技术力量对污水资源化等相关科学问题进行专题研究，将水资源作为一种消费性的资源，着眼于如何向当代社会提供足够的水资源，确保当代社会用水需求得到满足；90 年代之后的可持续水管理阶段围绕可持续发展主题强调水资源的可持续利用，着眼于构筑支撑社会可持续发展的水系统，确保当代人和后代人用水权的平等。美国国家环境保护局 1992 年版的《水回用指南》，对污水回用系统、技术、用途、水质标准等做了具体的规定；1998 年进一步制定了《节水规划指南》（Water Conservation Plan Guidelines），强调用水管理、节水措施、污水回用等多个环节的规范化管理和技术指导。这些污水处理措施一方面缓解了部分地区水源不足，另一方面减少了大规模水资源工程的实施，从而更有效地保护资源和环境。为强调以节约用水和污水资源化的方法解决水资源的供需矛盾，联邦政府基本上已冻结了任何大型水资源项目的计划。20 世纪末期，美国在水领域的总体战略目标发生了调整，由单纯的水资源控制转变为全方位的水环境可持续发展（water pollution control watersheds）。

（2）研究并建立了较为完备的水权、水市场以及基于水区的政策和管理体系。健全高效的水管理机构是实施高效水资源管理的基本保障。美国联邦政府设有专门的管理资源再利用机构；联邦政府和地方政府都有水回用的专项贷款和基金；各个管水的机构各负其责。水区不以各级政府的行政管辖范围划分，而是以水的涵盖范围及有利于水的大循环和优化管理而界定，范围可大、可小。地方水区管理的核心是综合管理，包括政策制定、供排水厂管理，以及对水和与水有关的资源的控制和综合管理。

（3）污水处理技术路线适合国家污水资源化的战略发展。污水处理技术路线关键性的转变是由单项技术变为技术集成，以往是以达标排放为目的，针对某些污染物的去除而设计工艺流程，现在要调整到以水的综合利用为目的，将现有的技术进行综合、集成，以满足所设定的水资源化目标，从污水处理用词的演变上可以看出其技术发展的方向，即由传统意义上的污水处理（wastewater treatment）转变为水回用（water reuse），由水回用发展到水再生利用（water reclamation），再由水循环（water recycling）代替了水再生利用的概念，以更加符合水在自然界中的大循环特性，经处理后的水可用于工业、市政、农业，以及地面、地下等多种用途。

2. 日本在污水回用等方面积累的经验

（1）设置中水道系统并采取奖励政策。就水质、结构、施工、管理等技术问题制定了"排水再利用系统计划基准"，而且通过减免税金、提供融资和补助金等手段大力推广与普及。设置中水道的多是新建的政府机关、学校、企业办公大楼，以及会馆、公园、运动场等公共建筑物。

（2）污水处理技术先进。开发污水深度处理工艺，如新型脱氮、脱磷技术和膜分离技术、膜生物反应器技术等，在这些方面取得很大进展，同时对传统的活性污泥法、生物膜法进行不同水体的工艺实验。对于生活污水基本上都是采用生物处理法，将污水处理产生的活性污泥变废为宝，解决了污泥的配方问题，成为一种可以再利用的新资源。

开展污水回收利用、推广再生水使用已经在水资源规划与利用中凸显出越来越高的地位，也势必将成为 21 世纪全球水资源战略与合作中不可或缺的一部分。

总的来讲，从这些国家发展的历程以及现状来看，它们的共同特点在于：

（1）具有严格污水资源化的立法和执法。健全的法律、法规对于规范水资源化的发展的作用毋庸置疑，各国均有较为完备的污水资源化的相关法律法规。

（2）建立合格的污水资源化运行机制。污水资源化的发展不仅要有政府的支持、也要有企业的积极参与。不仅要有社会效益，还需要建立适宜的市场运行机制，为企业的发展创造经济效益，吸引企业的资金投入污水资源化的建设中来，这样才能使污水资源化的发展步入良性发展的轨道。

（3）认为污水资源化是整个水管理系统的一个组成部分。污水资源化的主要目的之一是通过污水回用替代现有使用水来扩大水资源，结果是这些淡水资源被替代后另做他用。污水回用系统由集水、处理和配水系统组成，在进行污水资源化建设时，要充分考虑集水和配水系统的配置，如可以考虑将污水收集系统布置在工业较少的区域，避免回用水受到某些工业废水中的有毒有害物质的影响，保证污水回用后的水质安全。

3.5.3 未来发展方向

我国淡水资源贫乏，人均占有径流量只有世界平均值的1/4，而且这些水资源时空分布不均匀，开发利用难度大，此外，有限的水源还面临着水质恶化以及水生态破坏的威胁，因此寻找见效快、投资成本低的污水回用技术成为研究的热点（高艳玲，2012）。我国在污水资源化开发与利用方面，正在做着积极的努力，无论是在技术研究方面还是在工程实践方面都取得了显著的成绩，但与发达国家及一些污水回用发展较早的发展中国家相比，我国污水回用无论是在规模上还是涉及领域的研究深度上都存在着较大的差距，仍然有许多问题亟待解决。

1. 我国城市污水处理率较低

城市污水处理率偏低，是影响我国污水回用全面启动的直接原因。污水必须经过处理后才能进行回用，而低污水处理率使得可直接进行深度处理达到回用目的的污水量较少，也很难发挥城市污水作为稳定的城市第二水源的作用。同时，我国目前的工作重点仍然是治理污染，而污水回用工程的建设投资要比污水处理工程量大，所以我国许多地方很难给予污水回用足够的重视和经济支持。因此，尽快提高城市污水处理率，加速经济建设步伐，是污水回用全面推广的前提。

2. 我国自来水水价过低

提高自来水价格是保证污水再生回用得以全面推广的前提条件。我国城市自来水水价过低，水资源浪费严重，污水回用缺乏市场竞争力。由于水价过低，人们长期以来认为水是一种便宜易得的资源。我国农业用水占总用水量的85%～90%，农业无节制大量漫灌，浪费了大量的水资源。工业的节水意识不强，也造成水资源的巨大浪费。水是一种经济资产，低廉的水价难以体现其作为一种有限资源的价值，更无法避免资源的浪费。市政自来水厂在中国是福利性质的企业，过低的水价一直是城市价格改革的焦点之一。现行水价难以发挥市场的杠杆作用，应适当提高优质水水价，制定优惠的回用水水价和合理的回用水管理技术措施，鼓励使用再生水，推广污水回用，提高现有污水回用设施的使用率。

3. 国家政策支持及保证不足

目前国家没有针对污水回用的相关支持和保证政策。我国各级政府的规划管理部门应充分认识我国的水资源危机状况，并制定相应的远、近期的水资源再生利用规划，加强忧患意识，从保持可持续发展的思维角度进行水资源利用保护方面的规划。政府部门要转变观念，按"高质高用，低质低用"的原则制定水资源的开发利用政策，并通过强有力的行政手段保证政策贯彻实施，逐步减少高质低用现象；另外对实现污水回用的企业，政府应给予政策的支持或财政补贴，以鼓励更多的企业进行污水回用。

4. 节水和污水回用宣传力度不足

节水和污水回用宣传力度不足也是拖缓污水回用发展步伐的重要原因，应加强宣传的力度、广度，利用各种手段，让公民一方面充分认识到水资源的宝贵及其短缺的现状，使节约水资源、保护水资源的意识深入人心，另一方面公众应意识到污水再生利用的可行性，且明白这是改善目前水资源短缺的重要途径。

第4章 水回用技术

废水和污水处理最高的目标是实现资源消耗减量化（reduce）、产品价值再利用（reuse）和废弃物质再循环（recycle），水资源的利用要实现从"供水—用水—排水"的单向线性水资源代谢系统向"供水—用水—排水—污水回用"的闭环式水资源循环系统过渡。由于外排污水水质复杂，不同用途的回用水，水质要求不同，因而需要开发不同的水回用技术和系统，以保证再生水回用的水质安全。

从污水回用水源看，污水回用首先从污染程度较轻的城市污水开始，随后发展到水质较差的生活小区、工业园区、工业企业内部污水、工业废水、油田采出水、矿山排水、热电厂排水等。从污水回用对象看，首先是从对水质要求较低的生活杂用水、绿化用水、景观用水和循环冷却用水开始，再发展到回用于饮用水、化学脱盐用水和锅炉给水等。

本章主要从生活污水、工业废水、油田采出水、矿山排水和热电厂排水中不同特征污染物的处理技术及工艺、再生水集中式和分散回用过程等方面进行系统介绍。再生水污染物的种类较多，结构复杂，难以降解，往往不是一种处理技术就能消除殆尽的。因此，在选择水回用处理技术时，首要考虑再生水的水质特点、内含污染物的类型及回用用途对水质的要求，结合技术和经济、人文等方面的因素，综合比较工艺技术，选择合适的处理技术或者进行技术的组合应用。

4.1 工业废水处理水回用技术

工业污水与城市污水明显不同，工业污水受污染程度较大，水质受工艺过程影响波动大，处理难度较大。2002 年，天津某炼油厂采用"二级曝气+絮凝气浮+石英砂过滤+生物活性炭滤池+消毒"的工艺组合，实现了出水水质达到可回用作循环冷却水补给水的要求，且运行较为平稳。同年，北京某炼油厂采用"生物滤池+混凝沉淀+加氯+纤维素过滤+活性炭过滤"组合工艺，将出水回用于循环冷却水和膜脱盐过程。近几年对外排污水处理工艺不断优化，形成了以"BAF+混凝沉淀+加氯+过滤"组合工艺为主的工业外排污水再处理流程，运行情况总体良好，出水水质基本达到设计要求。随着技术的革新，膜技术在工业污水处理和脱盐应用中成为人们探索的热点。

工业废水的处理技术包括物理处理技术、化学处理技术和生物处理技术，为了达到不同的水质排放要求，污水的处理过程分为三级处理：①一级处理，主要为废水生物处理作准备，大量的固体通过筛网或沉淀池除去；均衡流量和污染物浓度，调节 pH；油脂和悬浮固体通过浮选、沉淀或过滤除去。②二级处理，对废水 BOD 水平为 50～1000mg/L（甚至浓度更高）的可溶性有机物进行生物降解，使 BOD 降至 15mg/L 以下，同时达到脱氮除磷的目的。③三级处理，采用化学或生物处理的方式，如混凝沉淀、过滤、活性炭吸附、化学氧化等，进一步处理特殊类型的残留物（冯效毅，2014）。

本节主要介绍食品及农副产品加工工业废水、化工原料及化学品制造业工业废水和医药制造业废水的相关处理技术。

4.1.1 食品及农副产品加工工业废水

食品及农副产品加工工业废水可以分为 4 类，分别是乳品废水、淀粉废水、豆制品废水和肉类加工废水。乳品废水通常为冷却水、厂区生活废水和生产废水的统称，主要由乳脂肪、乳蛋白、乳糖和矿物质及其产品液态奶、干酪等组成。淀粉废水主要由输送和洗净废水、生产废水、洗涤废水等组成，含有大量有机物、少量微细纤维和淀粉等。豆制品废水的可生化性好，BOD/COD 可达到 0.55～0.65，C/N/P 为 100/4.7/0.2，有害物质较少，由泡豆水、黄泔水和洗涤废水组成，主要包括水溶性非蛋白氮、水苏糖、棉籽糖、蛋白质、氨基酸和脂类等（刘恒明等，2012）。肉类加工废水中有机物的浓度较高，悬浮物和盐类含量也较高，但一般不含重金属和有毒有害物质，由畜粪冲洗水、屠宰场车间冲洗水、解剖车间冲洗水及油脂废水和生活污水组成，主要包括蛋白质和油脂。

1. 乳品废水去除技术

乳品废水目前常使用的处理技术为物化处理和生物处理组合的工艺。物化处理包括隔油、沉淀、气浮、絮凝等；生物处理包括厌氧、接触氧化、活性污泥、曝气生物滤池和氧化沟处理工艺等。组合的工艺技术通常是气浮+好氧处理工艺、直接好氧处理工艺、厌氧+好氧处理工艺等。

溶气气浮（DAF）是利用水在不同压力下溶解度不同的特性，对全部或部分待处理（或处理后）的水进行加压并加气，增加水的空气溶解量，加入混凝剂的水在常压下释放，空气析出形成小气泡，黏附在杂质絮粒上，造成絮粒整体密度小于水而上升，从而使固液分离。溶气气浮适用于处理低浊度、高色度、高有机物含量、低含油量和低表面活性物质含量的废水。

溶气气浮过程是一个物理化学混合的过程。物理过程为将气体注入水中，混合液被引至溶气罐，通过加压绝大部分气体溶于水中。溶气水进入接触室，由溶气释放器卸压喷射，气体便从溶液中溢出，微细气泡随之产生。接下来气泡与悬浮物（包括油珠和絮粒）的接触过程由两种因素促成：一是气泡与悬浮物的直接碰撞；二是带正电荷的气泡和带负电荷的悬浮固体颗粒相互吸引，由于气泡和颗粒的 ζ 电位很小，一般需加入阳离子化学剂（如硫酸铝）来加强 ζ 电位，以加强气泡与颗粒之间的吸引力。分离过程主要依靠气泡的浮力（气泡的比重远小于水），实现黏附于气泡上悬浮物的强制性上浮。如果把相互黏附的气泡和悬浮物看作一个整体，其上升速度服从斯托克斯公式：

$$V = \frac{g}{18\mu}(\rho_v - \rho_s)d^2 \tag{4-1}$$

式中，V 为悬浮物上升速度，cm/s；g 为重力加速度，cm/s^2；μ 为水的动力黏滞系数，g/(cm·s)；ρ_v 为液体密度，g/cm^3；ρ_s 为悬浮物密度，g/cm^3；d 为悬浮物直径，cm。

由式（4-1）可知，悬浮物上升的速度与液体和悬浮物的密度差、悬浮物直径的平方成正比。当悬浮物黏附于微细气泡上时，其直径增大，密度减小（密度差增大），所以，悬浮物与水的分离速度加快，缩短了水在构筑物中的停留时间。采用气浮法，主要针对乳品废水中含量较多的油脂类物质，但气浮只能去除废水中的悬浮和胶体有机物，不能去除溶解性有机物，故仍不能达到排放标准的要求。因此，一般在溶气气浮工艺后再采用好氧工艺进一步提高出水水质，降低COD 含量。

吸附絮凝-生物氧化法由 A-吸附絮凝段和 B-生物氧化段两个曝气池串联而成。A 段停留时间很短，有机负荷很高，A 段絮凝去除的 BOD 占总 BOD 去除率的 65% 左右（尚云菲和李若晨，2022）；B 段有机负荷与传统活性污泥法相近，负责去除剩余的有机物，使系统的出水水质达到要求（Oller et al.，2011）。整个系统的有机负荷要比传统活性污泥法高很多。A-B 法一般不设初步沉淀池，其目的在于将排水管道中存在的大量微生物直接引入 A 段曝气池，增加微生物的数量和活力，提高其处理能力及运行稳定性。A-B 两段虽然串联运行，但其中的污泥是自成系统的，即两段有各自的沉淀池及回流污泥系统，具有各自不同的微生物群落。A 段的微生物以细菌占优势，并处于对数生长期，泥龄短、增殖快；B 段的微生物以原生动物占优势，也有少许菌胶团，泥龄较长，增殖较慢。研究表明，传统活性污泥法的微生物群落包含细菌和原生动物，对由水质变化带来的污染物负荷冲击，其承受能力较弱，易发生污泥膨胀。A-B 法的两种污泥均具有较好的沉淀性能。

随着污水类型的增多，污染性质也在不断变化，A-B 法经过不断发展，不再单独进行污水处理，多种 A-B 法的结合统一和衍生工艺出现，以更好地处理不同类型的污水处理问题（尚云菲和李若晨，2022）。综上所述，A-B 法的主要优点是：①提高系统的负荷，缩小曝气池的体积，可使基建费用相应降低；②对进水负荷变化适应性强，运行较稳定，污泥不易膨胀；③能达到一定的脱氮除磷要求，出水水质较好；④稍微修改即可改为缺氧–好氧工艺（A/O 法）或 A/A/O 系统，以达到脱氮除磷的更高要求。该方法对乳品废水的处理效果较好，COD 的去除率能达到 90% 以上，运行较稳定，但由于乳品废水有机物含量高，如不进行预处理，好氧工艺中鼓风曝气动力消耗较多，会提高运行费用。

乳品废水属于中高浓度易降解废水，厌氧或水解酸化+好氧处理工艺是最近较为常用的乳品废水处理工艺。大部分有机污染物通过前置的低能耗厌氧或水解酸化模块去除，大大减轻了好氧处理的负担，使得该组合工艺运行费用低、运行稳定、处理效果好。厌氧处理常采用水解、上流式厌氧污泥床（UASB）、厌氧滤池等工艺，好氧处理有生物接触氧化、活性污泥、氧化沟、曝气生物滤池法等工艺。

2. 淀粉废水处理技术

淀粉废水常用的处理方法有沉淀分离法、化学絮凝法、单纯曝气法、生物处理法（包括活性污泥法、厌氧生物法、生物膜法、生物塘法等）和光合细菌法等。淀粉不溶于冷水，可以直接通过物理沉淀使废水中悬浮物沉淀去除，一般使用沉淀池或沉淀塘。当池中发生厌氧反应时，产生的有机酸使废水 pH 下降，废水中处于胶体状态的蛋白质形成絮凝体沉淀下来，从而提高分离效率。单纯利用沉淀分离法对 SS 具有较高的去除率，但对 BOD 的去除率较低。

采用化学絮凝法，可破坏胶体的稳定性，使分散状态的有机物脱稳凝聚，形成矾花从水中分离出来。化学絮凝法比物理沉淀法去除效果好，处理时间短。单纯曝气法是指用空气或含臭氧的空气对废水进行短时间的曝气，通过空气氧化、臭氧氧化以及对挥发物质的吹脱取得净化效果，但是一般不单独使用。

淀粉生产废水属于高浓度有机废水，不含有毒物质，可生化性好。国内外常用的淀粉废水处理方法是生物法，其中包括厌氧生物法、好氧生物法。厌氧生物法在淀粉废水处理中应用最多的是上流式厌氧污泥床工艺，它的特点是利用微生物群体本身的絮凝性能，在厌氧反应器内形成颗粒化污泥，保持高浓度微生物量，并通过快速发酵生成甲烷的过程处理淀粉废水中的有机物。该法具有能耗低和剩余污泥量少等优点，上流式厌氧污泥床工艺或改进的上流式厌氧污泥床工艺对淀粉废水处理效果较好，COD 去除率能达到 90% 以上。淀粉废水处理也可以采用厌氧接触法,属于第二代厌氧消化技术,由于采用将消化污泥回流至消化器的措施,可保持消化设施内较高浓度的生物量,从而提高消化器的容积负荷。与上流式厌氧污泥床、厌氧滤床相比,厌氧接触法虽然负荷较低,但运行可靠,启动时间短。好氧生物法处理淀粉废水常用的处理工艺有传统的活性污泥法、序批式活性污泥法(SBR)、接触氧化法等。生物处理工艺的选择由淀粉废水水质的特点所决定,单一的处理方法不一定能够得到理想的处理效果。因此,选择厌氧-好氧组合工艺对淀粉废水进行处理是比较合理的。

利用光合细菌(photosynthetic bacteria,PSB)处理淀粉废水,对有机污染物去除率高、投资少、占地少,且菌体污泥是对人畜无害和富含营养的蛋白饲料。因此,PSB 法是一种非常有前途的净化高浓度有机废水的处理技术。

3. 豆制品废水处理技术

豆制品废水是一种高浓度有机废水,因此一般采用生物法进行处理,其中厌氧生物处理和好氧生物处理相比,具有剩余污泥少、设施占地面积小的优点。我国豆制品厂具有布局分散和规模小的特点,一般采用上流式厌氧污泥床和厌氧生物滤池(AF)等生物处理工艺。单纯的厌氧处理,出水很难达标排放标准。因此,通常采用厌氧+好氧联用的工艺,其中,好氧工艺通常采用活性污泥、氧化沟法和序批式活性污泥法等。

氧化沟工艺是 20 世纪 50 年代由荷兰工程师发明的一种新型活性污泥法,其曝气池呈封闭的沟渠形,废水和活性污泥的混合液在其中不断循环流动,因此被称为"氧化沟",又称"循环曝气池"。氧化沟工艺不仅能处理生活污水,也能处理工业废水、城市废水,在脱氮除磷方面也表现了极好的性能。氧化沟污水处理技术的主要优点是:①处理流程简单,构筑物少,一般情况下可不建初沉池和污泥消化池,某些条件下还可不建二次沉淀池和污泥回流系统,因此基建费用较少;②处理效果好且稳定可靠,不仅可满足 BOD_5 和悬浮物排放标准,还可实现脱氮和除磷等深度处理的要求;③采用的机械设备少,运行管理十分简便,不要求具有高度技术能力的管理人员;④对高浓度工业废水有很大的稀释能力,能承受水力、水质的冲击负荷,对不易降解的有机物也有较好的处理效果;⑤污泥生成量少,且已在氧化沟中达到好氧稳定,不需设污泥消化池;⑥当需要进行脱氮除磷处理时,氧化沟的能耗和运行费用较传统的处理流程低。

4. 肉类加工废水处理技术

肉类加工废水属于易生物降解的高悬浮物有机废水,废水水质水量变化范围较大,目前对该类废水的处理均采用以生物法为主的处理工艺,要注意设置预处理工艺，应设置捞毛机、格栅、隔油池、调节池或沉淀池等，以降低进入生物处理构筑物的悬浮物和油脂的含量。肉类加工废水常用的生物处理工艺有活性污泥法、接触氧化法、序批式活性污泥法和厌氧-好氧组合工艺等。生物处理能够去除肉类加工废水中80%以上的COD和90%~95%的BOD，达到外排标准。其中序批式活性污泥工艺采用续批操作方式，结合肉类屠宰加工企业水质、水量波动大的特点，其在处理肉类屠宰加工废水时要优于传统的活性污泥法，COD去除率大于90%，BOD去除率大于95%。

4.1.2　化工原料及化学品制造业工业废水

化工行业是水污染物排放量较大的行业，包括氮肥行业、磷肥制造行业、无机盐制造行业、氯碱生产行业、有机原料及合成材料加工行业、农药工业行业、染料生产行业、涂料加工行业、硫酸制造行业和合成洗涤剂行业等。

由于化工废水往往成分复杂、可生化性差，废水中含有的有毒有害成分、无机盐、酸碱物质等对微生物有毒害和抑制作用，因此处理有一定的难度。生物处理在技术经济上具有明显优势，对于有机型的化工废水，目前仍以生物法处理为主，为了提高处理效率，往往在此基础上辅以物理、化学方法对废水进行预处理或深度处理。化工废水所含污染物的种类和浓度随生产工艺和产品的不同差别非常大，因此处理工艺的选择也必须根据个案进行具体的分析比较。化工废水处理中常用的物理处理工艺包括过滤、重力沉淀、气浮和膜分离等，用于去除废水中的固态污染物；常用的化学处理工艺包括酸碱中和、化学混凝、化学沉淀、氧化还原、微电解等，主要用于去除无机类污染物；常用的生物处理工艺包括水解酸化、上流式厌氧污泥床等厌氧法，以及普通活性污泥、接触氧化、序批式活性污泥、曝气生物滤池等好氧法，主要用于净化有机污染物。

本书主要列举针对氮肥工业废水、农药工业废水和洗涤剂工业废水三类废水的处理技术。

1. 氮肥工业废水

氮肥工业的原料是煤、焦、油气等。其废水按性质可分为4种，分别是煤造气含氰废水、油造气炭黑废水、含硫废水和含氨废水，主要包括悬浮物、氰化物、挥发酚、硫化物、石油类、氨氮、炭黑等污染物质，其中，氨氮是主要的污染物质。常用于去除氨氮的工艺有物化法和生物法两种。物化法有空气吹脱法、离子交换法、膜分离技术、磷酸铵镁沉淀法（MAP）、化学氧化法、折点加氯化法、电渗析、电化学处理、催化裂解等。传统生物处理技术针对的是有机污染物，对氨氮的去除效果往往不理想，氨氮的去除主要是基于生物硝化反硝化机理。目前，用生物法处理高浓度的氨氮废水，以及用生物法对废水中的总氮（TN）进行深度脱除是技术发展的前沿和重点。脱氮的常用技术有缺氧-好氧法、厌氧-缺氧-好氧工艺（A^2/O 法）和厌氧氨氧化工艺。

1）物化法

空气吹脱法主要用于处理高浓度的氨氮废水，其优点是设备简单，可以回收氨，但也存在许多缺点，主要有：①环境温度影响大，低于 0℃ 时，氨吹脱塔无法工作；②吹脱效率有限，其出水需进一步处理；③吹脱前需要加碱把废水的 pH 调整到 11 以上，吹脱后又需加适量酸调节 pH 到 9 以下，药剂消耗大；④工业上一般用石灰调整 pH，很容易在水中形成碳酸钙垢而在填料上沉积，并使塔板完全堵塞；⑤吹脱时所需空气量较大，因此动力消耗大，运行成本高。

磷酸铵镁化学沉淀法是指在一定的 pH 条件下，水中的 Mg^{2+}、PO_4^{3-} 和 NH_4^+ 可以生成磷酸铵镁沉淀，而使铵离子从水中分离出来，其最大的优点是可以回收废水中的氨，所生成的沉淀可以用作复合肥料；存在的主要问题是沉淀剂的用量较大，需要对废水的 pH 进行调节，另外有时生成的沉淀颗粒细小或呈絮状体，固液分离有一定困难。

折点氯化法是通过加入过量的氯气或次氯酸钠，使废水中氨完全氧化为 N_2 的方法。当氯气通入废水中的量达到某一点，在该点时水中游离氯含量最低，而氨的浓度降为零，这一点称为折点。当 Cl_2 通入量超过折点时，水中的游离氯就会迅速增多，因此，折点对应的加氯量是去除氨氮最经济的加氯量。实际处理时所需的折点需氯量不仅取决于废水中氨气的浓度，也受温度、pH 等因素的影响。

2）生物法

缺氧-好氧法处理工艺是在好氧条件下，废水中 NH_3 和铵盐在硝化细菌的作用下被氧化成 $NO_2^- - N$ 和 $NO_3^- - N$，然后在缺氧条件下，通过反硝化反应将 $NO_2^- - N$ 和 $NO_3^- - N$ 还原成 N_2，达到脱氮的目的。

厌氧-缺氧-好氧工艺和缺氧-好氧工艺同属于以硝化反硝化为基本流程的生物脱氮工艺，所不同的是厌氧-缺氧-好氧工艺是在缺氧-好氧工艺基础上增加了一级预处理厌氧段，目的在于通过水解（酸化）的预处理，改变废水中难降解有机物的分子结构，提高其可生化性，强化脱氮效果。厌氧-缺氧-好氧法可以同时达到从废水中除磷的目的。反硝化是异氧过程，反硝化工艺脱氮需要有机物作为碳源，对于化肥废水这样高氨氮低碳的废水，反硝化需要投加额外的碳源，这样不仅增加了成本而且也会增加出水的有机物浓度。

厌氧氨氧化技术（ANAMMOX）是一种新型的生物脱氮技术，它是以硝酸盐或亚硝酸盐为电子受体，以氨为电子供体，进行硝酸盐还原反应或将亚硝酸氮转化为氮气的反应。厌氧氨氧化技术不需要额外的碳源，脱氮效率高，但是厌氧氨氧化菌对环境条件要求比较高，因此在实际工程中应用起来较为困难。

2. 农药工业废水

农药的分类有很多，按用途可分为杀虫剂、杀菌剂、除草剂、杀螨剂等；按化学结构可分为有机硫、有机氯、有机磷、无机类等；按加工剂型可分为粉末剂、乳油、粒剂、气雾剂等。农药废水成分复杂，多为持久性有机污染物，很难被生物降解，因此一般先进行预处理，对难降解的物质先进行降解，再进行生物处理。

农药废水处理技术概括起来可以分为生物法、化学法和物理法。目前对农药废水的处理方法以生物法为主，物理法和化学法作为生化前的预处理。

农药废水的物理处理工艺主要包括萃取法和吸附法。对再生水的吸附通常可认为是对常规生物处理出水的一次洗涤过程。吸附工艺可以去除难降解有机物、残留无机物，如氨气、硫化物、重金属和臭味物质。在最佳条件下，吸附处理能够使出水的 COD 小于 10mg/L。

在水回用处理中，吸附处理通过将溶液中的物质以固相形式进行富集来实现去除的目的。吸附过程就是将一个组分从液相转移到固相的传质过程。被吸附物是从液相或气相界面中转移出来的物质；吸附剂是固态、液态或气态，被吸附物在吸附剂上富集。常用的水回用处理技术中利用吸附法的技术有活性炭吸附技术和树脂吸附技术。

生物活性炭（BAC）是活性炭吸附法的一种，在中水回用中主要是作为二级处理后的深度处理，用以脱除水中微量污染物，应用范围包括脱色、除嗅、除味、除重金属、去除各种溶解性有机物和放射性元素等，最终达到优化水质的目的。活性炭吸附法是一种具有广阔应用前景的污水深度处理技术，具有适应范围广、处理效果好、可回收有用物料和吸附剂可重复使用等优点，可广泛应用于水的深度处理，但这种方法对预处理要求高，吸附剂需再生，同时也存在运转费用较高、系统庞大和操作麻烦的缺点。生物活性炭技术今后的研究重点是降低投资成本和增加各种预处理措施与生物活性炭的联用，以提高处理效果。

树脂吸附法是处理化工有毒有机废水的主流处理技术之一。吸附树脂是 20世纪 50 年代南开大学何炳林先生开创的领域，该类树脂通常在致孔剂和引发剂的存在下由单烯和双烯类单体悬浮共聚而成。其制造成本低，吸附性能与活性炭类似，孔分布窄、可脱附再生、重复使用（陈晓康等，2015）。近十几年来，吸附树脂在多种农药生产废水的处理中得到广泛应用，在大孔吸附树脂的基础上，南京大学等单位又研制出了超高交联吸附树脂和系列复合功能吸附树脂，进一步提高了树脂的吸附能力和吸附选择性。与生物法和化学法不同的是，采用这种方法在治理废水的同时，能较好地回收废水中的有用物质，创造的经济效益能够部分抵消废水处理的日常费用，实现环境效益与经济效益的统一。

农药废水的化学处理一般作为预处理，施用在生物处理之前，其目的是预先去除废水中的固态污染物，降低生物处理负荷；对难生物降解的有机污染物进行预氧化，破坏其稳定结构，改善废水的可生化性，提高后续生物处理的效率；对有机物浓度较高的废水，通过化学处理降低其浓度，使之适合于进行生物处理；去除有毒物质，利于后续生物处理中微生物的生长。

农药废水常用的化学处理工艺包括混凝沉淀、湿式氧化、化学氧化、焚烧和微电解等。混凝沉淀是通过絮凝剂与农药及中间体反应，形成稳定的胶凝体沉淀下来，加速有毒杂质和乳化物质的沉淀，能有效地去除农药废水中的污染物，减轻后续工艺的负荷。湿式氧化是在一定的温度和压力条件下，向农药废水中通入氧气或空气，将水中的有机物氧化分解的方法，为提高湿式氧化效率、缩短反应时间、降低反应压力和温度，常常引入催化剂。由于该方法需在高温高压下进行，因此对设备的安全性能提出了很高的要求，在一定程度上限制了它在工业上的应用。农药废水处理中常用的氧化剂包括芬顿（Fenton）试剂、臭氧和二氧化氮等。芬顿试剂是由过氧化氢和二价铁盐以一定比例混合组成的一种强氧化剂，芬顿氧化反应速度快，氧化效率高，可使有机物的 C—C 键断裂，形成最终产物 CO_2 和 H_2O。对于芳香族化合物来说，芬顿试剂可以破坏芳香环，形成脂肪族化合物，从而消除芳香族化合物的生物毒性，改善废水的生物降解性能。

农药废水的生物处理技术中常使用好氧工艺，包括活性污泥法、序批式活性污泥法、厌氧–缺氧–好氧法、接触氧化法等，而厌氧工艺用得不多。

3. 洗涤剂工业废水

我国合成洗涤剂工业主要以洗衣粉和液体洗涤剂的生产为主。废水中主要包含阴离子表面活性剂、高浓度油脂类、磷酸盐及洗涤剂添加剂等成分。洗涤剂废水成分复杂，一般呈弱碱性，且对微生物细胞的活性和增殖具有阻碍作用。通常使用的处理技术为物理化学法和生物法的组合处理方法。

物理化学法主要包括泡沫分离法、混凝法和吸附法三种。泡沫分离法是在含有表面活性剂的废水中通入空气而产生大量气泡，使废水中的污染物吸附于气泡表面而形成泡沫，浮上后对泡沫进行分离的方法，此方法广泛用于对合成洗涤剂成分的去除。泡沫分离法操作简单、耗能低，尤其适用于较低浓度情况下的分离，但泡沫分离法对表面活性剂废水的 COD 的去除率不高，尤其是对于高浓度废水处理效果更低，因此需要与其他方法联合使用，如泡沫分离混凝法、泡沫分离-生物接触氧化法等。混凝法处理洗涤剂废水时，常用的混凝剂有铁盐、铝盐及有机聚合物类，混凝反应不仅能去除废水中胶体颗粒和吸附在胶体表面上的阴离子表面活性剂，混凝剂还可与溶解在水中的表面活性剂形成难溶沉淀。混凝法处理合成洗涤剂废水效果理想、成本低和易操作，但并没有彻底使污染物质转化为无害物质，产生大量废渣与污泥，容易造成二次污染。吸附法处理洗涤剂废水中常用的吸附剂主要包括活性炭、吸附树脂、硅藻土和高岭土等。常温下活性炭法对洗涤剂废水处理效果较好，活性炭处理含表面活性剂废水时的最大问题是活性炭再生能耗大，且再生后活性炭的吸附能力有不同程度的降低，限制了其应用。吸附树脂处理的优点是吸附速度快、稳定性高和再生容易，主要缺点是预处理较繁琐，一次性投资大。

洗涤剂废水的可生化指标 BOD/COD 值一般都较高，可达 0.3 以上（涂传青等，2005），有害无毒，利于生物处理，同时生物处理与物化法、化学法相比，工艺较为成熟，处理效率高，BOD 和 COD 去除率可达 90% 以上，处理成本低。生物法处理阴离子表面活性剂废水常用的工艺有活性污泥法、生物膜法和上流式厌氧污泥床法等。一般在好氧处理前采用不完全厌氧技术进行预处理，厌氧反应停留在第一阶段即水解反应阶段，然后再进行好氧处理，水解后可提高 BOD/COD 值。

无论是物理化学处理还是生物处理，单一工艺处理含表面活性剂废水，效果有限，只有将多种方法结合起来才能取得理想的效果，如生物接触-臭氧氧化法，不完全厌氧-好氧法和生物接触氧化化学混凝法等。

4.1.3 医药制造业废水

医药制造业废水主要包含生物制药废水和化学合成制药废水。生物制药主要是抗生素等生物药剂；而化学合成制药主要是采用化学合成的方法，以有机物质或者无机物质为原料生成的药剂。生物制药的废水主要来源于工艺废水、冲洗废水、冷却废水和其他废水，其 COD 含量高，主要为发酵残余基质和发酵过程中的中间产物，有一部分 COD 属于生物难降解的有机物。化学合成制药过程随着生产药物种类的不同而大相径庭，其废水是每个生产单元的总和，主要含有有机物（苯、醇、酯、苯酚、二甲苯、硝基苯等）、氨氮、硫化物及各种金属离子等，成分复杂，具有生物毒性。

1）生物制药废水处理技术

生物制药废水的单元处理工艺包括物理化学法和生物法两类，由于废水浓度高、水质复杂，采用单一的处理工艺不可能达到排放要求，设计时一般采用多单元组合工艺。

生物制药废水常采用物理化学法作为生物法的预处理或者后处理工艺。对于不易生化或者毒性较强的高浓度废水，物理化学法可以减少其毒性、提高生化性、降低污染负荷，为后续的生物处理创造条件。目前应用较多的物理化学处理方法有混凝沉淀法、吸附法、气浮法、电解法、反渗透和膜分离等。

抗生素废水中含有大量生物毒性物质，单纯依靠生物处理，成本高、处理效果不稳定，出水很难达到排放标准。所以往往辅以化学絮凝进行预处理，来达到减少生物毒性物质干扰和降低废水浓度的目的。混凝沉淀也可以作为生物法的后续处理，进一步降低废水中的悬浮物和COD。在抗生素工业废水处理中常用的混凝剂有聚合硫酸铁、氧化铁、亚铁盐类、聚合氧化硫酸铝、聚合氯化铝和聚丙烯酰胺等。不同混凝剂对于不同的制药废水的处理效果不同，COD的去除率为10%~50%。总体来说，废水中悬浮物质越多，去除效果越好。

对制药废水的处理，常用炉渣、煤灰或活性炭处理维生素、双氯芬酸和中成药等生产中产生的废水。吸附法的处理效果除了取决于废水本身的性质以外，也受吸附剂的粒径、比表面积和结构，以及操作条件等因素的影响。吸附法作为生物处理的后续工艺，COD去除率一般在20%~40%，色度的去除率则可以达到80%。

气浮法是制药废水处理中常用的一种方法，适用于悬浮物含量较高废水的预处理，不能有效地去除废水中可溶性有机物。

电解法通常作为生物制药废水预处理措施。废水进行电解时，废水中的盐类和污染物在阳极和阴极分别进行氧化还原反应，这些物质或沉积于电极表面或沉淀下来或生成气体，达到去除污染物的目的。

膜技术是一种新兴的抗生素废水处理技术，主要特点是设备简单、操作方便、无相变及化学变化、处理效率高。但是膜分离实际上只是废水的分离浓缩过程，产生的浓液仍需进一步处理。当需要从废水中回收有用组分时，膜分离技术有其独特的优势。

采用生物处理技术去除有机污染物通常是最为经济的方式，抗生素废水处理一般都采用生物处理作为主体工艺，由于抗生素废水有机物浓度高，因此大多采用厌氧好氧组合工艺。

20世纪90年代初，氧化沟、接触氧化法在制药废水处理中得到了广泛的应用。氧化沟负荷低，可以获得优良的出水水质，但是占地面积大的缺点限制了它的进一步发展；接触氧化法具有较高的容积负荷，但是进水浓度不能太高，COD浓度不大于1000mg/L。到了90年代中期，序批式活性污泥法和间歇式循环延时曝气活性污泥法（ICEAS）工艺引入国内抗生素废水的处理中，取得了较好的效果。

目前，国内外处理高浓度生物制药废水主要采用厌氧法。20 世纪 80 年代以来，随着以上流式厌氧污泥床法为代表的第二代厌氧反应器和以间歇式循环延时曝气污泥法为代表的第三代厌氧反应器的飞速发展，高效厌氧反应器很快在抗生素废水的处理中得到应用，目前国内生产性规模应用较为成功的有针对青霉素、链霉素和庆大霉素等抗生素的废水处理。

好氧生物法和厌氧生物法处理抗生素废水各有优缺点，单纯的好氧或者厌氧工艺处理抗生素废水都有一定的局限性。厌氧工艺能够承受更高的进水有机物浓度和负荷，降低运行能耗，且可回收能源，但是出水 COD 仍然较高，难以达标排放；好氧处理工艺可以更彻底地降解废水中的有机物，但是高浓度有机废水直接进行好氧处理时，需要对原水进行高倍的稀释，消耗大量能源。从 20 世纪 80 年代起厌氧-好氧生物处理组合工艺逐渐成为主导工艺。厌氧处理利用高效厌氧工艺容积负荷高、COD 去除效率高、耐冲击负荷的优点，能够较大幅度地削减COD 总量，同时厌氧段还有脱色作用，这对于高色度抗生素废水的处理意义较大；好氧处理段的目的是保证达标排放。对于高氮、高 COD 废水，通过厌氧-好氧组合工艺可以达到脱氮的目的。

抗生素生产废水是一类高浓度、难降解、有毒性的有机废水，三大特性的叠加，使得此类废水处理难度非常大，难以单独使用生物法或物化法等常规方法实现达标排放。近些年来，抗生素废水处理的通行方法是采用厌氧好氧的生物处理组合工艺作为主体工艺。生物处理之前用物化法进行预处理，以降低负荷和毒性。当出水水质要求较高时，还需要在生物处理之后用物化法进行深度处理，以保证 COD 和色度达标。

2) 化学合成制药废水处理技术

化学制药废水的水质特点使得单独采用生物法处理根本无法达到排放标准，所以在生物处理前必须进行预处理。根据实际情况采用某种物化或化学法作为预处理工序，降低水中的悬浮物、盐度及部分 COD，减少废水中的生物抑制性物质，提高废水的可降解性，以利于废水的后续生物处理。

预处理后的废水，可根据其水质特征选取某种厌氧和好氧工艺进行处理，若出水要求较高，好氧处理工艺后还需继续进行后处理。具体工艺的选择应综合考虑废水的性质、工艺的处理效果、基建投资及运行维护等因素，做到技术可行，经济合理。总的工艺路线为预处理→厌氧处理→好氧处理→后处理→达标排放或回用。

由于某些制药生产工艺的特殊性，其废水中含有大量可回收利用的物质，对这类制药废水的治理，应首先考虑物料回收和综合利用。例如，部分制药企业的制药废水含有较多铵盐，可以采用固定刮板薄膜蒸发、浓缩、结晶等工艺来回收铵盐，提高经济效益；部分高科技制药企业通过吹脱法处理废水中的高含量甲醛，甲醛气体在经过回收、处理后可以制成福尔马林实际，可以作为锅炉热源。对甲醛进行回收利用，可以降低生产成本，保障企业的经济效益和社会效益（项继聪等，2019）。但对于多数合成制药废水，由于成分复杂，回收流程繁复，成本过高，不具备技术经济的可行性，这时只能依赖废水末端治理。

4.2　生活污水水回用技术

我国生活污水一般分为农村生活污水和城市生活污水，其中农村生活污水处理技术以分散式为主，城市生活处理技术以集中式为主。但总体而言，目前对生活污水的处理工艺有 7 种，分别是澳大利亚非尔脱（FILTER）污水处理系统、土壤渗滤系统、人工湿地处理系统、生物膜技术、稳定塘技术、厌氧沼气池回用技术和一体化集成装置处理技术。

4.2.1　澳大利亚非尔脱污水处理及再利用系统

该系统利用污水灌溉达到污水处理的目的，能有效实现污染物去除和污水减量的双重目标，既可满足作物对水分与养分的需求，又可降低污水中的氮、磷含量，避免污水直接排入水体后，导致水体富营养化。该技术使用污染物含量较高的生活污水进行作物灌溉，通过土壤过滤汇集到密集的地下排水系统，然后排放到地面沟渠或其他地表水体，或者进行二次利用。由于系统中安装了密集的地下排水系统，所以即使在作物耗水强度较低的季节，该系统也具有较高的污水处理能力。为了通过土壤物理和生化过程以及作物的吸收过程取得良好的污水处理效果，系统运行过程中，污水的施加、排水管以上地下水位的深度以及滤出水的排出过程都是可控的。系统结构如图 4-1 所示。

非尔脱系统是否成功，很大程度上取决于系统是否能够在排水过程中保持足够的排水率，排水率的大小代表着系统的处理能力。在系统长期的运行过程中，土壤排水率是否有明显的减少趋势，或者如果有明显的减少趋势，是否可以快速地恢复，是评价系统是否具有可持续性的重要指标。山西省大同市阳高县将非尔脱污水处理系统应用于生活废水、工业废水处理，该出水复合《地表水环境质量标准》III 类要求，符合当地气候及土壤条件，取得预期效果（李列飞等，2021）。

4.2.2　土壤渗滤系统

污水土壤渗滤是一种就地污水处理技术，它充分利用土壤中的动物、微生

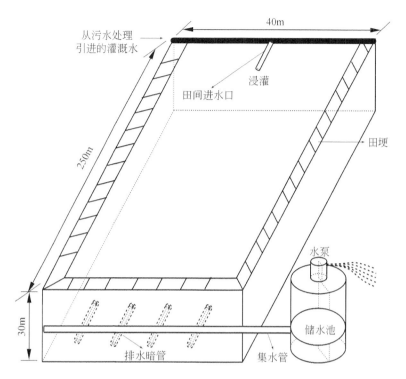

图 4-1　澳大利亚非尔脱系统

物、植物，以及土壤的物理、化学特性将污水净化。由于利用了土壤的自然净化能力，具有基建投资低、运转费用少、操作管理简便等优点。同时还能够利用污水中的水肥资源，把污水处理与绿化相结合，美化和改善区域生态环境。

典型土壤渗滤系统是由预处理、污水输送和渗滤系统等几部分组成的，主要工艺流程如图 4-2 所示。

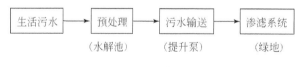

图 4-2　土壤渗滤系统

污水首先进入预处理设施，通常使用的预处理设施有水解池和化粪池等。污水经厌氧发酵作用，其中的有机物得到部分分解，降低了污染物负荷，也提高了污水中速效养分的含量，有利于进一步净化和利用。

预处理后的污水经过水泵提升通过管道输送至渗滤场。在配水系统控制下，污水经布水管分配到每条渗滤沟中。污水在渗滤沟中通过砾石层的再分布，在土壤毛细作用下上升至植物根区。最终，污水经过土壤的物理、化学作用和微生物的生化作用及植物吸收利用后得到处理和净化。

由于渗滤沟特殊配制的土壤具有理想的土壤机质，有机质含量丰富，土壤的团粒结构发达，渗透速率高，毛细作用强，吸附容量大，通透性较好；使得土壤中富含微生物所必需的营养和能源物质，适宜的土壤性状为土壤微生物提供了良好的生存发育环境，使得土壤具有较高的生物活性。污水投配到渗滤沟后，沿土壤毛细管上升，通过土壤的物理阻留、土壤吸收吸附、微生物分解利用以及植物吸收等一系列作用，污水中的有机物被去除。其中土壤微生物的活性对有机污染物的去除起着十分重要的作用，被阻留和吸附在土壤中的有机污染物在微生物的作用下，经生物化学反应被分解转化成无机物，这是去除有机污染物的关键过程。

植物的生长也极大地改变了污水处理过程的环境条件。由于植物根系深入土壤会增加土壤有机质，并且提高土壤的水力渗透速率，有助于创造一个良好的植物根区的微环境，有利于微生物对污染物的降解。

土壤渗滤系统与其他污水处理系统相比较，具有以下特点：①系统运行稳定、可靠，抗冲击负荷能力强；②在高效去除 BOD_5 的同时能去除氮、磷，对水源保护意义重大；③建设容易、维护简便、基建投资少、运转费用低；④整个系统在地表下，不会散发臭气，地面草坪还可以美化环境；⑤将污水处理与绿化建设相结合，实现了污水的资源化利用。该技术对悬浮物、有机物、氨氮、总磷和大肠杆菌的去除率均较高，一般可达70%～90%，对于广大农村而言具有很强的技术和经济优势（王淞民等，2022；李厚禹等，2022）。

4.2.3　人工湿地处理系统

人工湿地是模拟自然湿地机理的人工生态系统，它利用湿地中基质、湿地植物和微生物之间的相互作用，通过一系列物理、化学及生物的协同作用来净化污水（Kivaisi，2001）。人工湿地系统具有净化污染物效果好、运行费用低的特点，如图4-3所示。

该系统一般由人工基质（多为碎石）和生长在其上的沼生植物（芦苇、香蒲、灯心草和大麻等）组成，是一种独特的"土壤–植物–微生物"生态系统，利用各种植物、动物、微生物和土壤的共同作用，逐级过滤和吸收污水中的污染物，达到净化污水的目的。人工湿地按废水湿地床中的不同流动方向可分为三类，即潜流湿地、地表流湿地和垂直湿地。该技术在欧洲、北美洲、澳大利亚和新西兰等国家和地区得到了广泛应用，缺点是需要大量土地，并要解决土壤和水

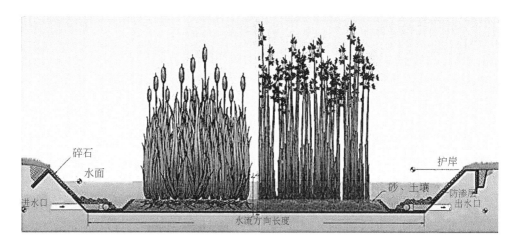

图 4-3　人工湿地系统

中的充分供氧问题，以及需要考虑气温和植物生长季节可能造成的影响等。

人工湿地污水处理技术是在一定的填料上种植特定的植物，利用填料的过滤、植物的吸收及植物根部微生物的处理作用，将污水进行净化的技术。这种新型的处理系统具有处理高效、运行管理方便、技术可行的优点，且其投资成本远低于常规技术。鉴于目前我国的国情，人工湿地处理法在我国是值得推广的。目前，北京、深圳等城市都采用了这一技术处理生活污水。肥西县中派污水处理厂利用复合人工湿地工艺对尾水进行深度处理，系统整体表现出较好的净化效果，对 TN、NH_4^+-N、TP、COD 和 SS 的平均去除率分别为 82.5%、53.5%、63.4%、36.5% 和 85.3%，以上指标的平均出水浓度分别为 1.42mg/L、0.2mg/L、0.15mg/L、22.7 mg/L 和 7.1mg/L，优于《地表水环境质量标准》（GB 3838—2002）的Ⅳ类标准（潘成荣等，2022）。

4.2.4　生物膜技术

生物膜技术是将微生物附着在惰性滤料上，形成膜状的生物污泥，从而对污水起到净化效果的一种生物处理方法（图 4-4）。通常应用在分散生活污水处理工艺中，近年来，也被用于集中生活污水的处理。生物膜法包括厌氧生物膜和好氧生物膜两种，具有运行费用低廉、管理方便等优点，对进水的水质与水量变化有着较强的适应能力，不但克服了活性污泥法中污泥丝状膨胀的缺点，剩余污泥量也有了显著的减少。但其对环境温度要求高，气温的高低会直接引起生物膜的坏死和脱落。此外，载体的比表面积和滤料也对处理效果有很大的影响。一旦运

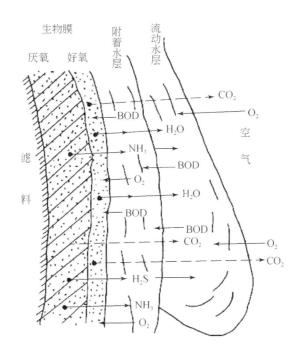

图 4-4 滤料上生物膜的构造图

行条件及工艺设计出现问题，很容易引起滤料的堵塞和破损，降低出水水质。

生物膜法常见的工艺类型有生物滤池、生物转盘、接触氧化、生物流化床等（曾洋和朱宝玉，2019）。移动床生物膜（MBBR）是介于生物接触氧化法与生物流化床法之间的一种生物膜污水处理工艺，利用密度接近于水的颗粒状材料作为生物膜的载体，向反应器中连续通入污水的同时进行曝气，创造出良好的混合接触条件，利用微生物的生物活动达到净化污水的目的。生物接触氧化法实际上是一种浸没曝气式生物滤池，是曝气池与生物滤池相结合产生的综合性污水处理工艺，具有容积负荷高、抗冲击负荷力强的特点。生物滤池法是由初沉池、生物滤池和二沉池三部分组成的，滤池有高负荷生物滤池和塔式生物滤池两种，高负荷生物滤池处理效果好，出水水质稳定，但其占地面积大，容易堵塞；塔式生物滤池负荷高、分层明显且占地面积小、堵塞概率低。生物流化床技术是利用气体或液体，使附着微生物的固体颗粒状滤料呈流态化，对污水进行净化的技术，其充分利用微生物不同生命活动阶段的特征，根据微生物的生长特点将处理阶段划分为固定床阶段、流化床阶段和液体输送阶段，具有微生物活性强、净化效果好、容积负荷高等特点，但堵塞问题是限制其发展的主要要素。

目前，在我国的市政污水处理中，生物膜法主要应用于二级处理环节，能有效降低市政污水的 COD、BOD_5、SS、氮磷等指标，提高出水水质。通常情况下，经过生物膜法处理的市政污水能够达到甚至高于国家一级 A 排放标准，后续搭配消毒等环节可以进一步提升出水水质，使出水能够进入城市中水回用系统进行再利用，有效提高资源的利用率（赵楠，2020）。

4.2.5 稳定塘技术

稳定塘旧称氧化塘或生物塘，是一种利用天然净化能力对污水进行处理的构筑物的总称（图4-5）。其净化过程与自然水体的自净过程相似，通常将土地进行适当的人工修整，建成池塘，并设置围堤和防渗层，依靠塘内生长的微生物来处理污水。稳定塘污水处理系统具有基建投资和运转费用低、维护和维修简单、便于操作、能有效去除污水中的有机物和病原体、无需污泥处理等优点。

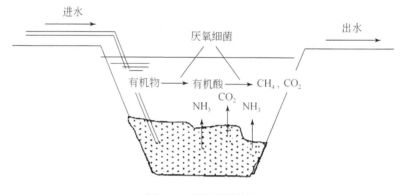

图 4-5　稳定塘结构图

稳定塘以太阳能为初始能量，通过在塘中种植水生植物，进行水产和水禽养殖，形成人工生态系统，在太阳能（日光辐射提供能量）的推动下，通过稳定塘中多条食物链的物质迁移、转化和能量的逐级传递、转化，将进入塘中污水的有机污染物进行降解和转化，最后不仅去除了污染物，而且以水生植物和水产、水禽的形式回收了资源，净化的污水也可作为再生资源予以回收再用，使污水处理与利用结合起来，实现污水处理资源化。按照塘内微生物的类型和供氧方式，稳定塘可以划分为厌氧塘、兼性塘、好氧塘和曝气塘四种。

厌氧塘依靠厌氧菌的代谢功能使有机物得到降解，反应分为两个阶段：首先由产酸菌将复杂的大分子有机物进行水解，转化成简单的有机物（有机酸、醇和醛等）；然后产甲烷菌将这些有机物作为营养物质，进行厌氧发酵反应，产生甲烷和二氧化碳等。

兼性塘是最常见的一种稳定塘，其有效水深一般为 1.0~2.0m，从上到下分为三层：上层好氧区、中层兼性区（也叫过渡区）、塘底厌氧区。好氧区的净化原理与好氧塘基本相同，藻类进行光合作用产生氧气，溶解氧充足，有机物在好氧性异养菌的作用下进行氧化分解，兼性区的溶解氧供应比较紧张，含量较低，且时有时无，其中存在的异养型兼性细菌，它们既能利用水中的少量溶解氧对有机物进行氧化分解，在无分子氧的条件下，还能以 NO_3^-、CO_3^{2-} 作为电子受体进行无氧代谢；厌氧区内不存在溶解氧，进水中的悬浮固体物质以及藻类、细菌、植物等死亡后所产生的有机固体下沉到塘底，形成 10~15cm 厚的污泥层，厌氧微生物在此进行厌氧发酵和产甲烷发酵反应，对其中的有机物进行分解，在厌氧区一般可以去除 30% 的 BOD。

好氧塘内有机物的降解过程，实质上是溶解性有机污染物转化为无机物和固态有机物（细菌与藻类细胞）的过程。好氧细菌利用水中的氧，通过好氧代谢氧化分解有机污染物形成无机物 CO_2、NH_4^+ 和 PO_4^{3-}，并合成新的细菌细胞，而藻类则利用好氧细菌所提供的二氧化碳、无机营养物以及水，借助光能合成有机物，形成新的藻类细胞，释放出氧，从而又为好氧细菌提供代谢过程中所需的氧。

曝气塘是介于活性污泥法中的延时曝气法与稳定塘之间的一种工艺，在塘面上安装曝气机来人工补给供氧，分为完全混合曝气塘（好氧曝气塘）和部分混合曝气塘（兼性曝气塘）两种。该技术主要利用菌藻的共同作用来去除污水中的污染物，具有基建投资少、运转费用低、维护简单、便于操作、能有效去除污水中的有机物和病原体，以及无需污泥处理等优点。

德国和法国分别有各类稳定塘 3000 座和 2000 座，而美国已有各类稳定塘上万座。Gerhardt 等（1991）在田间系统中研究了利用藻类和厌氧菌从农业排水中去除硒和硝酸盐的方法。在池塘中养殖藻类，然后将藻类和排水转移到缺氧单元中，通过反硝化作用，将硝态氮从 24mg/L 减少到小于 10mg/L，出水硒的形态表明硒酸盐完全还原为亚硒酸盐和其他还原形式（Nurdogan and Oswald，1996）。

稳定塘是实施污水资源化利用的有效方法，特别是在缺水的干旱地区，近年来稳定塘已成为我国着力推广的一项技术。与传统的二级生物处理技术相比，高效藻类塘具有很多独特的性质，对于土地资源相对丰富但技术水平相对落后的农村地区来说，是一种较具推广价值的污水处理技术。近几年，人们对稳定塘技术进行工艺的革新，有结果表明，采用淹没式生物膜稳定塘组合技术，能将氨氮、COD、TN 和 TP 去除率提升至 84.33%、97.02%、80.18% 和 77.34%，并实现中水回用的可持续发展策略；多级稳定塘可以将水生植物和水生动物系统与人工设计的水生植物系统结合，将微生物和水生植物的净化功能发挥出来，强化其水体净化效果（王鹏飞，2021）。

4.2.6 厌氧沼气池处理技术

厌氧沼气池处理技术是一种以生物膜为净化主体的污水生物处理系统，该技术充分发挥了厌氧生物滤池、接触氧化床等生物膜反应器生物密度大、耐污能力强、动力消耗低、操作运行稳定和维护方便等的特点，使得该系统具有很高的应用前景和推广价值（图4-6）。

图4-6　农村厌氧沼气池结构图

厌氧沼气池将污水处理与有机利用合理结合，实现了污水的资源化。污水中的大部分有机物经厌氧发酵后产生沼气，发酵后的污水被去除了大部分有机物，达到净化目的；产生的沼气可作为浴室和家庭炊事能源；厌氧发酵处理后的污水可用作浇灌用水和观赏用水。在农村有大量可以成为沼气利用的原材料，如农作物秸秆和人畜粪便等。研究表明，与直接燃烧相比，将秸秆进行沼气化利用可以减少46.8%的碳排放（马铭婧等，2022）；一口8m³的沼气池在正常产期期间陆续补进适量的蚕沙，pH保持在6.8左右，沼气日产量可达1m³以上，能保证农户的日常生活能源（顾宇，2022）。沼液、沼渣作饲料可以使其营养物质和能量的利用率增加20%；通过厌氧发酵过的粪便（沼液、沼渣），碳、磷、钾的营养成分没有损失，且转化为可直接利用的活性态养分——农田施用沼肥，可替代部分化肥。沼气池工艺简单，成本低（1 户约需费用 1000 元），运行费用基本为零，适合农民家庭使用。结合农村改厨、改厕和改圈的情况，可将猪舍污水和生活污水在沼气池中进行厌氧发酵后作为农田肥料，沼液经管网收集后，集中净化，出水水质达到国家标准后排放。

沼气池处理技术已在我国一些地方得到了有效推广和使用。截至 2019 年底，小百户镇已建成沼气池 6000 余口，建成沼气化示范村 7 个，已初步形成以沼气建设为纽带的农村废弃物再生利用，促进了经济、社会、环境的协调发展（陈艳等，2021）。近五年，如皋市周边有蚕桑养殖的沼气户平均 9578 户，其中以蚕沙作为发酵原料的沼气户 5574 户，平均覆盖率为 58.2%（顾宇，2022）。

4.2.7　一体化集成装置处理技术

家庭生活设施使用产生的废水是生活污水的主要来源。随着科学技术的进步和生活方式的多样化，人们对水的需求呈多样化趋势，大量成分不一的日常消费品使生活污水组成成分复杂化。生活污水目前处理的难点有：①生活污水成分日益复杂，各污染成分浓度较低，波动性很大，难以正确评估生活污水的污染负荷及其昼夜、季节性变化，影响到生活污水处理方法的正确选择、处理工艺与污染物去除方案的合理设计、出水水质的准确估计，以及污水处理设施的正常运转；②现有生活污水处理工艺设计大多建立在实验室或中试结果基础上，根据经验设计大规模应用工艺，在实际操作与具体实践中受外界环境变化影响很大；③生活污水处理工艺与技术的选择还受到当地社会、经济发展水平的制约和地方保护主义或其他人文因素的限制，常常不能采用最佳的处理工艺与处理技术；④当地自然与生态条件，如气温、降水、风向和土壤等对所选择的处理工艺与处理技术有负面影响，使其不能发挥正常效力。

因此，发展集预处理、二级处理和深度处理于一体的中小型污水处理一体化装置，是国内外污水分散处理发展的一种趋势。日本研究的一体化装置主要采用厌氧–好氧–二沉池组合工艺，兼具降解有机物和脱氮的功能，其出水 BOD_5<20mg/L、TN<20mg/L（何姝等，2014）。近年来开发的膜处理技术，可对 BOD_5 和 TN 进行深度处理。欧洲许多国家开发了以 SBR、移动床生物膜反应器、生物转盘和滴滤池技术为主，结合化学除磷的小型污水处理集成装置。

4.3　油田采出水回用技术

油田水处理一直是油田生产中的重要组成部分。按照环境保护的要求，减少油田水的外排，大部分油田采出液要循环回注地层，因此油田采出液的处理要求也随着三次采油后，采出液的复杂性的提高而提高。油田水的处理方法主要可分为物理法、化学法和生化法（谭文捷，2010）。本书针对目前的常用技术应用以及三元复合驱水处理的技术进行讨论。

4.3.1 油水分离技术

在我国油田，主要采用的技术按照生产节点可分为油水分离技术、过滤技术和杀菌技术。油水分离技术主要包括沉降罐处理技术、气浮处理技术和微生物处理技术；过滤技术主要包括气水联合反冲洗技术、提温热洗技术、连续砂滤技术和膜过滤技术；杀菌技术主要包括多相催化杀菌技术及紫外线技术（王嘉欣，2018）。在膜分离技术上，效果较好的陶瓷膜超滤试验已经完成，但成本高且长期处理的稳定性有待进一步研究，陶瓷膜的推广应用受到了一定限制，期待未来改性膜及共混膜在现场试验后能得到更好应用。微生物处理法，曾在大庆采油五厂采用的"气浮+微生物+固液分离+滤罐"流程中进行试验，水处理效果良好，但维持微生物所需环境以保证其长期存活率需要的成本略高。

4.3.2 化学回用技术

化学技术处理逐渐成为主流去除 COD 的方法，如电化学氧化法、光化学氧化法和高级氧化法等（Gupta et al., 2012）。

（1）电化学氧化法主要是利用阳极表面放电产生的羟基自由基 HO· 的氧化作用，HO· 与吸附在阳极上的有机物发生氧化反应，去除污染物。研究表明，在 900mg/L COD、700mg/L NH_3-N 的模拟苯胺废水中，在最优化反应条件下，电催化氧化可去除 96% 以上的 COD 和 NH_3-N（冯尚华等，2022）。

（2）光化学氧化法包括光激发氧化法（如 O_3/UV）和光催化氧化法（如 TiO_2/UV）。光激发氧化法主要以 O_3、H_2O_2、O_2 和空气作为氧化剂，在光辐射作用下产生羟基自由基 HO·。光催化氧化法是在反应溶液中加入一定量的半导体催化剂，使其在紫外光（UV）的照射下产生 HO·。两者都是通过 HO· 的强氧化作用对有机污染物进行处理，其中，氧化效果较好的是紫外光催化氧化法，它的作用原理是让有机化合物中的 C—C、C—N 键吸收紫外光的能量而断裂，使有机物逐渐降解，最后以 CO_2 的形式离开体系。将光催化氧化技术与其他高级氧化技术联合使用，可以提高处理效率，增强氧化能力，该技术近年来受到研究者的重视（Li et al., 2020）。

（3）高级氧化技术（advanced oxidation process，AOP）是指氧化能力超过所有常见氧化剂或氧化电位接近或达到羟基自由基 HO·水平，可与有机污染物进行系列自由基链反应，从而破坏其结构，使其逐步降解为无害的低分子量的有机物，最后降解为 CO_2、H_2O 和其他矿物盐的技术（方景礼，2014）。表 4-1 为各种强氧化剂的标准氧化电位。

表 4-1 各种强氧化剂的标准氧化电位

氧化剂	产物	ψ/V	$\psi/\psi(O_3)$
F_2	HF	3.06	1.48
F_2	F^-	2.87	1.39
HO·	H_2O	2.80	1.35
氧原子	H_2O	2.42	1.17
O_3	O_2	2.07	1.00
SO_8^{2-}	SO_4^{2-}	2.01	0.97
FeO_4^{2-}	Fe^{3+}	<1.90	0.92
H_2O_2	H_2O	1.77	0.86
$HO_2·$	H_2O	1.70	0.82
MnO_4^-	MnO_2	1.70	0.86
$HClO_2$	HClO	1.65	0.80
HClO	Cl^-	1.49	0.72
Cl_2	Cl^-	1.36	0.66
$Cr_2O_7^{2-}$	Cr^{3+}	1.23	0.90
O_2	H_2O	1.09	0.53
溴水	Br^-	0.54	0.26

资料来源：方景礼，2014

该技术可通过各种光、声、电和磁等物理化学过程产生大量活性极强的自由基（如·OH），自由基具有强氧化性，氧化还原电位高达 2.80V，仅次于 F 的 2.87V，利用这种强氧化性降解水中有机物，并最终将污染物氧化分解为 CO_2 和 H_2O。高级氧化处理过程中产生大量的羟基自由基（·OH）具有强氧化性和无针对性，能够将水中几乎所有的有机物氧化，甚至矿化，且不产生二次污染，在水回用的技术处理上已经有很好的发展。

目前，高级氧化技术得到极大的关注，其产生自由基的方式种类繁多，常见的大致可分为 7 种，分别是芬顿（Fenton）氧化、催化臭氧氧化法、光催化氧化、电解催化氧化、湿式空气氧化和湿式催化氧化法（CWAO）、超临界水氧化法（SCWO）和超声化学氧化法。

芬顿法是以 Fe 为催化剂，催化 H_2O_2，生成具有强氧化性的·OH，进而将有机物氧化分解。芬顿法具有反应速度快、反应条件温和、操作简单和设备简便等优点。普通芬顿法虽然具有氧化速率高等特点，但实际运行时也存在诸多问题：①所用试剂量大；②反应最适 pH 在酸性条件（3~4）下，需要对废水进行 pH 调试；③Fe 的加入会影响出水色度。随着人们对芬顿法的不断研究，芬顿法与光、超声和微波等工艺进行组合在处理有机物方面取得了良好的效果。这些方法不仅提高了芬顿法对有机物的去除能力，而且减少了试剂用量，降低了处理成本。

臭氧在水溶液中可与羟基 OH^- 反应生成羟基自由基 HO·，HO· 与有机物进行氧化反应。虽然臭氧的氧化能力很强，但是臭氧氧化法要利用臭氧本身转化为羟基自由基，效率较低，单独用臭氧的氧化能力比不上羟基自由基。催化臭氧氧化可分为两类：一是利用溶液中金属（离子）的均相催化臭氧氧化；二是利用固态金属、金属氧化物或负载在载体上的金属或金属氧化物的非均相催化臭氧氧化。催化臭氧氧化可克服单独臭氧氧化的缺点，从而变成更有实用价值的新型高级氧化技术（方景礼，2014）。

湿式催化氧化法是指在高温（123~320℃）、高压（0.5~10MPa）和催化剂（氧化物、贵金属等）存在的条件下，以空气中的 O_2 为氧化剂，在液相中将有机污染物氧化为 CO_2、H_2O 等无机小分子或有机小分子的化学过程。一般认为，湿式催化氧化反应是自由基反应，其过程分为链的引发、链的发展或传递以及链的终止几个阶段。链的引发阶段，主要是由分子氧与反应物分子作用生成烃基自由基（R·）；链的发展或传递阶段，自由基与反应物分子相互作用，产生酯基自由基（ROO·）、羟基自由基（HO·）以及烃基自由基（R·），羟基自由基有强氧化性，可以氧化有机废物；链的终止阶段，自由基之间相互碰撞生成稳定的分子，使链的增长过程中断，反应停止（方景礼，2014）。

超临界水氧化法与湿式氧化法一样也是以水为液相主体，以空气中的氧为氧化剂，在高温高压下反应，但其改进与提高之处在于利用了水在超临界状态（$T=374℃$，$P=22.05MPa$）下性质发生较大的变化，介电常数减少至与有机物和气体一样，从而使气体、有机物完全溶于水中，气液相界面消失，形成了均相氧化体系，由氧气攻击最初的有机物而产生有机自由基，进一步反应就生成羟基自由基，再氧化分解成有机物。由于消除了在湿式氧化体系中存在的相际传质阻力，提高了反应速率，且氧化发生在均相体系中，自由基的独立活性更高，氧化程度随之提高。超临界水的特性为：临界温度 374.1℃，临界压力 22.05MPa，临界体积 56.03cm³/mol，临界密度 0.332g/cm³，压缩因子 0.2，偏心因子 0.44，介电常数 5（方景礼，2014）。

超声化学氧化法主要是利用频率在 15kHz 至 1MHz 的声波（方景礼，2014），在微小的区域内瞬间导致高温高压产生的氧化剂（如 HO·）来去除难降解有机物。另外一种是超声波吹脱，主要用于废水中高浓度的难降解有机物的处理。一定频率和压强的超声波照射溶液时，在声波负压作用下溶液中产生了空化泡，在随后的声波正压相的作用下空化泡迅速崩溃，整个过程发生在纳秒至微秒的时间内，气泡快速崩溃伴随着气泡内蒸气相的绝热压缩，产生瞬时的高温高压，形成所谓的"热点"，同时产生有强烈冲击力的高速微射流，进入空化泡中的水蒸气在高温高压下发生分裂及链式反应，产生 HO·、HOO· 和 H· 等自由基，以及 H_2O_2、H_2 等物质。声化学反应的途径主要包括高温高压热解反应和自由基氧化反应两种。

4.3.3 国内外应用现状

赵德银等（2017）针对塔河油田采出水具有高矿化度、高腐蚀性和低 pH 等特点，采用电解氧化方法进行处理。数据表明，在电流密度为 15mA/cm² 、电解时间为 8min 时，塔河油田采出水中菌类去除率达到 100%，对于污水中的固体颗粒及总铁的去除率也分别达到了 98.6% 和 98.8%，矿化度由 233262mg/L 降低至 188756mg/L，平均腐蚀率由 0.1777mm/a 降低至 0.0654mm/a，不仅降低了成本，处理后的水质明显优于过氧化氢氧化处理后的水质。易爱文等（2016）针对王家湾油区采出水含硫量较高的问题，采取了电化学离子调整除硫（EIST）方案。结果表明，使用 EIST 处理技术后，王家湾油区采出水含硫量降低为 2.0mg/L，pH 减低了 0.5，处理后的水样符合王家湾油区特低渗油田注入水标准。王农村等（2006）针对榆树林油区油层回注水水质标准，采用 PVC 合金超滤膜方法进行污水处理。结果表明，在进水压力为 0.1MPa，正冲线速度为 0.4m/s，时间为 10s 的条件下，采出水的处理效果可达到最佳。Martín 等（2017）为了从乳化含油废水中回收水，制备了聚偏二氟乙烯（PVDF）和聚碳酸酯（PC）组合膜，并研究了不同含量的 PC 对组合膜结构、亲水性和功能性的影响。实验研究表明，增加聚碳酸酯含量后，虽然膜的平均孔径基本不发生变化，但膜的孔隙率和表面结构具有实质性变化，当组合膜中聚碳酸酯质量分数为 20% 时，PVDF/PC 组合膜性能最佳，渗透液中 COD 为 88×10⁶，截油率超过 97%。

4.4 矿山排水回用技术

在开采铝土矿的过程中，可以经常看到地下水进入巷道和工作面的情况，这就是矿山水；另外在开采铝土矿时的洒水、消防用水、降尘、灭火灌浆以及液压设备产生的废水也是矿山排水的一部分，其主要来源有自然降水、断层水、地表水以及采空去水等。矿山排水不能直接利用，因为除了具有地下水的特征之外还含有人为造成的污染物，如一些有机物质和岩粉等，常见的矿山排水为悬浮液，悬浮物以岩粉为主。此外，矿山排水中还含有一些可溶的无机盐，有机污染物的含量相对较少且一般是无毒物质，因此排水的水质分析对于矿山排水的重新利用有着重要指示作用。矿山排水的水质特性一般取决于所处的地质环境，其中自然条件及充水原因对矿山废水的质量和容量起着主要影响。根据矿井水质的特点，矿山排水一般可分为 5 类：洁净矿山排水、含悬浮物矿山排水、酸性矿山排水、高矿化度矿山排水和其他含特殊污染物的矿山排水（吴志军，2007）。

4.4.1 洁净矿山排水

矿山排水中也有洁净的，未被污染的，这类水大多来源于地下水，pH 一般呈中性，矿化度也在正常范围内，不含有毒物质，各项理化指标均符合国家规定的饮用水卫生标准，经过简单的处理和消毒就可以直接用于生活和生产。针对这类矿山水的排出要求较高，需要多次采样进行分析，根据分析结果将水进行分流，将可直接用的水与需要进一步处理的水进行分离，使洁净矿山水经过专用的管路排出，以免在排出的过程中混入其他矿山水，这是可直接利用洁净矿山水最简单、快捷的一种方式。

4.4.2 含悬浮物矿山排水

含悬浮物矿山水的分布相对较广，也最为普遍，水质一般呈中性，矿化度低，基本上没有有毒物质，主要污染物是一些分子大小不等的悬浮物。悬浮物主要来源于地下水，受人工开采铝土矿的影响，主要是铝土矿粉尘和岩粉，除悬浮物和细菌外，其余指标都符合标准规定。针对这类矿山水，一般采用常规处理即可达到生活饮用水的标准，可加入混凝剂将悬浮物凝固、沉淀，再经过过滤、消毒处理。该处理过程的关键在于如何选择混凝剂，简化工艺，进而又快又好地提高水质。

4.4.3 酸性矿山排水

矿山排水水质呈酸性一般是因为所在区域或周围岩石中含有硫化物，硫化物在与水和氧气接触后经过化学变化分解成游离酸，当酸性物质与碱性物质没有达到平衡，且酸的含量较高时，矿山排水呈酸性，此类水的危害程度较高。一般来说，通风较弱的地方，其排水酸性较大；流经所在区域含硫量较高的，酸性较大；开采铝土矿的深度及面积大的，排水酸性大。酸性矿山水若没有经过处理直接排放的话，不但会对环境造成影响，污染干净水源，破坏水中的生态稳定，还会不利于矿区的安全生产。此外，酸性矿山水对设备有腐蚀作用，同样也对工人的健康有损害，若酸性水没有及时排出，工人们长期接触可能会导致手脚出现破裂，眼睛也会有疼痛感。若酸性水直接用于农业灌溉，则会导致农作物枯黄、土壤板结等问题。目前，处理酸性水的方法主要是中和法、生物化学处理方法和人工湿地法，其中中和法最为常用，一般采用价格廉价的石灰乳、石灰石等中和剂与酸性水进行中和反应。根据工艺流程的不同，加入石灰石的方法分为直接式、滚筒式和升流膨胀式。中和法处理酸性排水的操作方法简单，成本较低，但是处理后生成的硫酸钙渣，不仅生成量较多且不易进行脱水处理，若堆存处理容易导致二次污染。

美国、日本等国家将生物化学处理方法应用于实际，在酸性条件下，利用氧化亚铁硫杆菌将水中的 Fe^{2+} 氧化成 Fe^{3+}，来实现酸性矿井水中铁的去除，这种方法的优点是不需要加入其他的营养液，因为氧化亚铁硫杆菌能从反应中获取自身所需的能量。人工湿地法也可以处理酸性矿山排水，其原理是通过湿地的植物、细菌等对酸性水中的 Fe^{2+}、Mn^{2+} 等金属离子进行吸附、交换、络合和氧化还原等一系列作用，这种方法便于操作和管理，处理的效果较好，但是所需费用较高（柴新庚，2022）。

4.4.4 高矿化度矿山排水

高矿化度矿井水也称含盐矿井水，溶液中 SO_4^{2-}、Ca^{2+}、Mg^{2+}、K^+、HCO_3^- 等离子的含量较多，这与矿区周边的地质环境有关，由于地下水与碳酸岩、硫酸岩等接触并发生溶蚀，可溶性固体总含量一般在 $1000 \sim 4000mg/L$，水质为中性和偏碱性，且带苦涩味。这种高矿化度的矿井水因为较高的含盐量，不宜直接排放和饮用，处理此类排水的方法主要且关键的步骤是脱盐，在进行脱盐处理前还要进行混凝、沉淀等的预处理，去除悬浮物等杂质（曹家红，2014）。脱盐的方法有很多，如蒸馏法、离子交换法、电渗析法和反渗透法等，其中电渗析法是目前处理矿井水相对成熟且经济的一种方法，经过一系列的处理后，使得水中含盐量符合标准要求，才可以加以利用和排放。

4.4.5　其他含特殊污染物的矿山排水

含有特殊污染物的一类矿山排水出现的情况不多，特殊污染物如氟、铁等重金属离子、油以及放射性物质。根据所含污染物种类的不同，有不同的处理方法。对于含氟类的矿山排水可采用离子交换法、吸附、电渗析、反渗透等方法处理；针对含油矿山排水可采用气浮法处理，这类矿山排水是否能作为饮用水，其处理技术还需要再进行深入研究。

矿山排水的综合利用主要有生产用水和生活用水两个方向，其中生产用水又分为工业和农业用水。一般矿山排水经过简单的净化和处理就能够满足生产用水的需要，因为生产用水对水质的要求不是很严格。防火灌浆是铝土矿矿山地区主要的防火方法之一，因为经济适用，操作方法简单，所以使用较为普遍，防火灌浆对水质的要求主要看水的 pH，一般在 6 ~ 8 范围之间。矿山地区防火灌浆是对井下废水的重新利用，在水量不足时，可用一些作为补充用水，多余的需要回灌到地下，及时补充地下水资源。矿山排水作为生产用水时一般用于井下灌浆、农田灌溉、消防、绿化灌溉、道路清洁、循环冷却和施工建筑等方面。对作为生活用水的矿山排水水质要求较高，往往需要经过长期的观察监测，确定水的来源与水质，看其是否受到污染，理化指标有没有达到饮用水的标准，再经过简单的消毒与处理之后，才可作为生活用水，以解决矿山地区部分缺水问题。

4.4.6　煤矿井排水回用于火力发电厂案例

焦煤集团古汉山和九里山煤矿矿井排水中碳酸盐硬度和悬浮物含量高，属中等含盐量、微污染地下水。矿井排水预处理设计采用石灰处理工艺，系统设计处理水量为 2900m^3/h，其中 2660m^3/h 送至循环水前池，240m^3/h 送至锅炉补给水处理系统清水箱。石灰预处理系统出水水质需达到《工业循环冷却水处理设计规范》（GB/T 50050—2017）规定的水质标准，并满足 2×660MW 超临界机组循环水运行工况（Cl-浓缩倍率为 6.0）的要求（霍书浩，2010）。

4.5　热电厂水回用技术

城市中水回用于热电厂，在水处理技术、水量、水质等层面均满足现实要求，可以节约大量的新鲜水资源，对于我国水资源短缺的缓解具有重要的意义。热电厂用水系统分为生产用水、生活用水和服务用水三个子系统，生产用水包括循环冷却水、锅炉补给水、烟气脱硫水、除尘除灰水；服务用水主要为消防用水。整个热电厂用水中，生产用水消耗量最大，占到整个热电厂用水量的 90%以上，生活用水和消防用水消耗量较小（胡克华，2009）。热电厂各用水单元及其水质要求如表 4-2 所示。

表 4-2 热电厂各用水单元及其水质要求表

用水单元	水质要求
水汽循环系统、（热力系统） 冷却系统	锅炉补给水标准、工业循环冷却水标准
除尘除灰系统（湿式除尘器用水除灰系统）	清洁水无要求、可取循环水的排污水或其他电厂废水
烟气脱硫系统（脱硫水、脱硫机械冷却）	工艺水、工业循环冷却水标准
生活用水	生活饮用水卫生标准（GB 5749—2022）、生活杂用水水质标准（CJ/T 48—1999）
消防用水	市政水源

热电厂循环冷却水单元、除尘除灰单元、脱硫水单元、消防水单元用水水质标准不高，可利用城市中水作为水源。热电厂锅炉水用水水质较严格，需进行深度处理才能满足用水要求，国内外热电厂已有很多利用污水厂二级出水作为锅炉补给水水源的案例。污水厂二级排水水质，一般达不到热电厂用水水质标准，需要进行深度处理，才能进行生产回用。中水的深度处理工艺主要有生物处理技术、物理化学处理技术、膜处理技术等。各处理技术的适用水质、投资成本、运行成本等各不相同，现针对一些比较常见的处理技术进行探讨。

4.5.1 曝气生物滤池技术

曝气生物滤池（BAF）是普通滤池的改进版本，与传统的滤池相比，具有有机负荷高、去除效果好、占地面积小、投资成本低和运行管理方便等优点。在中水深度工艺中，曝气生物滤池一般和其他处理技术连用。

4.5.2 过滤和吸附技术

随着国家对污水厂排水要求的提高，有些污水厂排水水质较高，可达到一级A 标准，这些中水只用通过过滤和吸附技术处理后就能达到热电厂循环冷却水的标准。过滤和吸附技术运行成本低，投资成本低、运行管理方便。常见的中水处理工艺还有生物接触氧化法和膜生物反应器等，针对不同的水质选择合适的处理工艺。

4.5.3 膜处理技术

膜处理技术是通过利用特殊的有机高分子或无机材料制成的膜对混合物中各组分的选择渗透作用的差异，以外界能量或化学位差为推动力对双组分或多组分液体进行分离、分级、提纯和富集的技术。在中水回用的应用中，常用到的膜分离技术包括微滤（MF）、超滤（UF）、纳滤（NF）、反渗透（RO）和电渗析（EO）技术，这种分离技术与传统分离操作（如沉淀、混凝和离子交换等）相比，可在常温下操作且无相变化，不需要投加任何药剂，处理后的水质一般可达回用要求，具有效率高、工艺简单、污染轻等特点。微滤和超滤技术主要是针对回用水中残留的颗粒物质，而回用水中溶解组分的去除，主要依靠反渗透、纳滤和电渗析技术。

1）微滤

微滤是以筛孔原理为主的薄膜过滤，在外界压力下，溶剂、水、盐类及大分子物质均能透过膜，仅微细颗粒和超大分子物质被阻留下，从而达到分离净化的目的。微滤膜的过滤孔径为 $0.05 \sim 10 \mu m$，操作压力 $0.7 \sim 7 kPa$。微滤对水中有机物的去除效果有限，经过单一微滤处理的城市污水不能够回用，微滤可以应用于常规处理的后续处理及反渗透工艺的预处理。

2）超滤

同微滤膜相似，超滤膜的分离原理可以用筛分原理来解释，其截留率取决于溶质的尺寸和形状（相对于膜孔径而言），也被视为多孔膜，主要用于分离溶液中的大分子、胶体和微粒。超滤膜的过滤孔径在 $1 nm$ 至 $0.05 \mu m$，在实际应用中一般以截留分子量替代孔径表征超滤膜的过滤性能。超滤对去除水中的微粒、胶体、细菌、各种有机物有较好的效果，城市污水经过超滤膜过滤可以再生回用，但超滤膜几乎不能截留无机离子，对水中的氮、磷去除率不高，使其在应用中受到一定的限制。

3）微滤/超滤联用

如前所述，城市污水经过单一的微滤或者超滤处理还不能完全达到回用要求，但是微滤和超滤对污水中的中的大分子、胶体和微粒具有良好的截留作用，根据该特点，20世纪60年代末期的美国将传统的生物处理工艺和膜过滤工艺相结合，开发了一种新型的污水处理工艺——分置式膜-生物反应器。该工艺用微滤或超滤膜组件代替传统活性污泥处理工艺中的二沉池来进行泥水分离，微滤膜和超滤膜对污泥的高效分离特性可以保障整个系统在高污泥浓度下运行，克服了传统活性污泥工艺中出水水质不够稳定、污泥容易膨胀等不足，同时，通过降低食料/微生物比例可以将污泥的排放量降到最低。此外微滤膜和超滤膜对微生物的高效截留率将有利于水处理过程中微生物优势种群的形成，实现最有效的生物处理。分置式膜-生物反应器有诸多传统工艺不及的优点，在污水处理和回用中具有广阔的应用前景，可以应用的领域包括：建筑中水回用、居住小区生活污水资源化、城市污水资源化，以及有机工业废水的资源化等。但是分置式膜-生物反应器的动力消耗太大，单位水量的处理能耗是传统方法的 10~20 倍，水中的污泥浓度较高，加剧了膜的污染，整套系统运行费用非常高，单位水量的制水成本是传统活性污泥工艺的 3~4 倍，这限制了分置式膜-生物反应器在城市污水处理中的应用。一体式膜生物反应器是近年来针对分置式膜-生物反应器的缺点开发出来的一种新型的膜生物反应器。膜直接置于生物反应器中，在空气的搅动下使污水在膜表面保持一种错流的状态，在膜的正下方进行曝气，污水随着气流向上流动，在膜表面形成剪切力，在剪切力的作用下，使水中的杂质脱离膜表面而水能够透过膜。整个系统设备简单，占地面积小，与分置式膜生物反应器相比较，能耗明显降低。该系统污泥含量高，可以处理高浓度污水；污水停留时间长，这有利于难降解有机物的生物降解，并且有一定的脱氮效果。但一体式膜生物反应器仍然存在膜污染的问题，而且其出水是靠小流量的负压泵抽吸驱动，透水量很小。根据其特点，一体式膜生物反应器更适合应用于高浓度污水处理，如处理城市垃圾渗沥水及粪便废水。与其他处理工艺（上流式厌氧污泥床、序批式活性污泥工艺等）相比较，其出水水质更好，出水不但可以直接排放到水体，甚至可以回用到一些对水质要求较低的领域；处理构筑物整体封闭，无臭味产生；污泥的排放量可以降到最低。

4）反渗透

反渗透膜是一种半透膜，当半透膜隔开溶液与纯溶剂时，加在原溶液上使其恰好能阻止纯溶剂进入溶液的额外压力称为渗透压，通常溶液浓度越大，溶液的渗透压越大，如果加在溶液上的压力超过了渗透压，则使溶液中的溶剂向纯溶剂方向流动，这个过程称为反渗透。

反渗透膜分离技术就是利用反渗透原理进行分离的方法，其操作压力一般为 1.5~10.5MPa，截留组分为 0.1~1nm 的小分子溶质，对水中的悬浮物、高分子氮和磷、大分子有机物和盐离子都有较高的去除率。

膜污染一直以来就是人们关注的热点问题，它影响着膜的稳定运行和出水水质，并将缩短膜的使用寿命，因此被认为是制约膜技术广泛应用的关键因素。有学者发现浓差极化与胶体污染物在反渗透膜表面沉积这两种常见的现象之间存在一种耦合作用，可以通过利用那些不易于沉积的胶体颗粒作为"移动搅拌器"来减少污染，提高反渗透膜在脱盐方面的性能。

由微生物在膜面生长造成的反渗透膜污染现象很普遍，它会使水分子渗透过膜所需的压力急剧上升，这一问题可以通过一些常用的生物杀伤剂，如活性氯、臭氧及紫外线等进行灭菌，但是频繁的化学洗涤又会降低膜的使用寿命，并给系统中引入一些灭菌副产物，如臭氧处理富溴盐废水的过程中产生的溴酸盐就被世界卫生组织和美国环境保护署列为一种致癌物。因此，需针对各自的实际情况选择最优的预处理过程。

无机盐也是一类很重要的污染物，对于这方面机理的研究也很多，主要集中在考察错流速率和压力等操作参数，以及膜孔隙率和粗糙度等对无机盐在膜表面结晶的影响，也有少数学者认为污染过程还会受到膜组件的几何构型以及膜材料等因素的影响。

膜剖析（membrane autopsy）是寻找膜污染成因的一种常用方法，它通过分析污染后的膜元件，寻找污染的原因及其机理，当污染过程很复杂而又对其缺乏了解时，这项技术就显得非常有效。

反渗透膜技术具有净化效率高、成本低和环境友好等优点，它在近几十年的时间里发展非常迅速，已经广泛应用于海水和苦咸水淡化、纯水和超纯水制备、工业或生活废水处理等领域。

5）纳滤

纳滤（NF）技术是介于反渗透技术和超滤技术之间的一种新型压力驱动膜分离技术，主要依靠的是纳滤膜左右两边的静水压差。纳滤膜是20世纪80年代后期研制开发的一种新型分离膜，其应用具有两个显著的特点：一是它的截留分子量介于反渗透膜和超滤膜之间；二是因其表面分离层由聚电解质构成，使它对无机电解质具有一定的截留作用。因此，人们通常认为纳滤膜是一种具有纳米级带电微孔结构的分离膜，纳滤膜对水中的悬浮物、高分子氮和磷、大分子有机物、二价和一价盐离子都有良好的去除效果。商用纳滤膜组件多为卷式，还有管式和中空纤维两种形式。

纳滤又称为超低压反渗透膜，其去除效果要优于微滤和超滤，尤其对无机盐的去除是超滤和微滤不能实现的，处理费用较反渗透低，所以相对于其他膜工艺，纳滤更适合应用到污水处理再生回用中。

纳滤膜技术水净化的工艺设计、要求和计算与反渗透过程类似，多为一级连续流程。但由于纳滤膜的独特性能和分离特性，与反渗透过程相比，纳滤膜技术工艺过程设计存在以下特点：过程操作压力低，通常纳滤膜操作压力在0.5～

1.0MPa 范围内；沿程压力损失占操作压力的比例大，设计时应严格控制沿程压力损失；工艺设计通常采用短流程工艺；严格控制流速，流速过高，沿程压力损失过大，而流速过低，则浓差极化增大，膜污染加重，导致膜寿命下降；严格控制通量，以延长膜使用寿命。

在纳滤过程中，由于沿程压力损失，导致流程中前面的膜元件的产水量远大于后面的膜元件，造成前面膜元件的回收率偏大，膜污染加重，使用过度，而后面的膜元件回收率偏低，未发挥作用，进而导致流程中前后膜元件寿命不一。为了使流程中各段的膜元件发挥作用，通常采用加渗透背压和中间增压两种工艺设计方式来解决上述问题。

纳滤膜技术具有独特的分离特性，可有效去除微污染原水中的有机物、重金属离子、病毒、细菌等污染物。该技术具有处理过程不产生副产物、处理单元小、易于自动控制、pH 适用范围广、无二次污染等特点；同时还具有有效去除消毒副产物前驱体、减少消毒副产物、有效去除原水中的 BOD、降低管网中细菌滋生的可能性、出水水质稳定、安全可靠等优点。在微污染水处理方法中，纳滤膜技术目前被认为是应用最广泛的一种膜分离技术。

随着我国膜技术水平的不断进步，膜工业的不断发展，尤其是国产高性能纳滤膜元件产品的工业化规模生产和产品性能的不断提高，纳滤膜技术制水成本将大大降低，完全可替代常规的处理工艺。纳滤膜分离技术在微污染水处理和饮用水净化领域必将具有广阔的应用前景。

6）电渗析

电渗析（eletrodialysis，ED）技术是膜分离技术的一种，它将阴、阳离子交换膜交替排列于正负电极之间，并用特制的隔板将其隔开，组成除盐淡化和浓缩两个系统，在直流电场作用下，以电位差为动力，利用离子交换膜的选择透过性，把电解质从溶液中分离出来，从而实现溶液的浓缩、淡化、精制和提纯。

1950 年，Juda 首次成功试制了具有高选择性的离子交换膜之后，电渗析技术进入实用阶段。到目前为止，电渗析技术经历许多革新和改进，已经进入一个新的发展阶段。电渗析技术可以分为 5 种，分别是倒极电渗析（EDR）、液膜电渗析（EDLM）、填充床电渗析（EDI）、双极性膜电渗析（EDMB）和无极水电渗析。

倒极电渗析就是根据电渗析原理，每隔一定时间（一般为 15～20min），正负电极极性相互倒换，能自动清洗离子交换膜和电极表面形成的污垢，确保离子交换膜工作效率的长期稳定及淡水的水质水量。20 世纪 80 年代后期，倒极电渗析器的使用，大大提高了电渗析操作电流和水回收率，延长了运行周期。倒极电渗析在废水处理方面有独到之处，其浓水循环、水回收率最高可达95%。

液膜电渗析是用具有相同功能的液态膜代替固态离子交换膜，其实验模型就是用半透玻璃纸将液膜溶液包制成薄层状的隔板，然后装入电渗析器中运行。利用萃取剂作液膜电渗析的液态膜，可为浓缩和提取贵金属、重金属、稀有金属等找到高效的分离方法，因为寻找对某种形式离子具有特殊选择性的膜与提高电渗析的提取效率有关。提高电渗析的分离效率，并与液膜结合起来的技术应用是很有发展前途的。例如，固体离子交换膜对铂族金属（铱、钌等）的盐溶液进行电渗析时，会在膜上形成金属二氧化物沉淀，这将引起膜的过早损耗，并破坏整个工艺过程，应用液膜则无此弊端。

填充床电渗析（EDI）是将电渗析与离子交换法结合起来的一种新型水处理方法，它的最大特点是利用水解离产生的 H^+ 和 OH^- 自动再生填充在电渗析器淡水室中的混床离子交换树脂中，从而实现了持续深度脱盐。它集中了电渗析和离子交换法的优点，提高了极限电流密度和电流效率（李媛和王立国，2015）。

双极膜是一种新型离子交换复合膜，它一般由层压在一起的阳离子交换膜组成，通过膜的水分子即刻分解成 H^+ 和 OH^-，可作为 H^+ 和 OH^- 的供应源。双极性膜电渗析突出的优点是过程简单、能效高、废物排放少。目前双极性膜电渗析工艺主要应用在酸碱制备领域，例如，用双极性膜和阳膜配成的二室膜可以实现有机酸盐葡萄糖酸钠、古龙酸钠等的转化，同时得到氢氧化钠，但浓度和纯度两方面都受到限制。现在开发的应用领域还有废气脱硫、离子交换树脂再生、钾钠的无机过程等。

无极水电渗析是传统电渗析的一种改进形式，它的主要特点是除去了传统电渗析的极室和极水。其在装置的电极紧贴一层或多层离子交换膜，它们在电气上都是相互连接的，这样既可以防止金属离子进入离子交换膜，同时又防止极板结垢，延长电极的使用寿命。由于取消了极室，无极水排放，大大提高了原水的利用率。无极水电渗析于1991年问世，在应用过程中技术不断改善，现装置在运行方式上多采用频繁倒极的形式。目前，无极水全自动控制电渗析器已在国内20个省（市）使用，近年来还远销东南亚。

电渗析技术在膜分离技术领域里是一项比较成熟的技术，由于其在技术上的先进性和具有其他分离方法所不能替代的若干优点，广泛应用于食品、医药和化工等领域。近年来，随着对传统电渗析技术的改进，尤其是双极膜电渗析技术和填充床电渗析技术的发展，电渗析技术成为新的热门研究领域。

4.5.4　回用案例与技术应用

意大利某热电厂采用石灰混凝–超滤–反渗透–离子交换工艺进行中水深处理

与回用，发现双膜工艺可显著去除悬浮物、铁、硅、磷、有机物和盐离子等，而离子交换可以进一步去除离子，实现超纯水的生产，满足热电厂的回用要求。离子交换目前广泛应用于我国热电行业，是双膜工艺最常用的深度处理工艺（魏源送，2018）。湛江电力公司将赤坎污水处理厂二级出水用作热电厂锅炉补给水，污水经双膜+离子交换工艺深度处理，污水处理工艺设计规模为 8400t/h，处理后水的电导率和二氧化硅质量浓度分别为 0.069μS/cm 和 2μg/L，显著低于锅炉补给水的水质要求。张旭明研究了多介质过滤器-超滤—一级反渗透-二级反渗透-混床组合工艺的深度处理中水效果，发现两级反渗透和混床结合不仅显著地脱盐，而且降低了整体深度处理系统的运行维护成本（张旭明，2006）。2018 年某钢铁企业对其大型双膜法中水回用系统进行升级改造，实现了超滤系统水回收率≥92%、反渗透系统水回收率>75%、系统产水电导率<100μS/cm、系统产水量>3.2 万 t/d 的目标，实现了节约新鲜用水、降低吨钢水耗、减少废水排放的目的；改造后系统电耗下降48%，药剂费用下降37%，膜、滤芯等备件损耗费用下降了67%，经济效益显著（邵亚军等，2022）。

4.6　水和废水中的新兴污染物

药物及个人护理品（pharmaceuticals and personal-care products，PPCPs）是为了维持人体卫生和总体健康，或是为了保证禽畜健康、促进生长而使用的物质（汪琪，2020）。PPCPs包括药物和个人护理品，其中药物类包括抗生素类、血压、血脂和血糖调节剂类、非甾体抗炎药、抗抑郁类、抗癫痫类、抗组胺药、抗癌药、兴奋剂和造影剂等；个人护理品类有防晒霜、防腐剂、塑化剂、麝香类物质等（Esplugas et al.，2007）。随着水资源的安全性在全球范围受到高度重视，PPCPs 作为新兴污染物（emerging contaminants，ECs）逐渐引起研究人员的关注。目前城市污水三级处理工艺对 PPCPs 的处理技术包括高级氧化技术和膜过滤技术（张梦佳，2020）。

4.6.1　高级氧化技术

高级氧化（advanced oxidation processes，AOPS）指的是氧化能力超过所有常见氧化剂或氧化电位接近或达到羟基自由基 HO·水平，可与有机污染物进行系列自由基链反应，从而破坏其结构，使其逐步降解为无害的低分子量的有机物，最后降解为 CO_2、H_2O 和其他矿物盐的技术（方景礼，2014），包括臭氧氧化、芬顿氧化和紫外线高级氧化等。

1) 臭氧氧化

臭氧具有非常高的氧化电位（2.07eV），它可以直接氧化底物，也可以通过产生·OH与其他物质发生反应。总体来看，臭氧对于水体中PPCPs的去除率较高，其氧化效果与溶解性有机物的浓度和臭氧剂量有关，有机物会消耗部分·OH，其对于低溶解性有机碳水体中PPCPs的去除效果可能会更好。Esplugas等用臭氧处理PPCPs时发现：投加量为0.5mg可使原水中卡马西平和双氯芬酸的去除率均达到97%；加入1mg/L臭氧可使原水中苯扎贝特和扑米酮去除50%；当臭氧使用量增加到10～15mg/L时，出水中的9种药物浓度均低于检测限（Esplugas et al.，2007）。Ternes（2003）发现，在臭氧氧化工艺前加入H_2O_2，可使PPCPs的去除率提高5%～15%，对于一些药物的去除率甚至可提高20%。石英砂过滤往往用于进一步去除二沉池出水的浊度或悬浮物，直接砂滤对PPCPs的去除效果不高，但砂滤与高级氧化相结合可以达到较高的去除率。Nakada等（2007）对活性污泥法处理后的二沉池出水，采取砂滤和臭氧结合的深度处理技术，目标PPCPs达到了80%的去除率。Kıdak和Doğan（2018）报道了臭氧在不同pH下去除阿莫西林的反应速率，发现其在碱性（pH=10）条件下反应速率最高，这是由于碱性条件下臭氧分解产生更多的·OH。Dantas等（2011）和Wang等（2011）发现，四环素在臭氧中的去除率很高（90min后达到100%），但反应90min后TOC和COD的去除率稳定在35%左右，说明过程中稳定中间产物的富集。

2) 芬顿氧化

芬顿氧化法是通过Fe^{2+}和H_2O_2发生反应产生·OH和·O_2H，来降解水中的有机污染物。当有紫外照射时，氧化效率会升高。Shemer和Linden（2006）研究发现，光照芬顿氧化效率比芬顿过程提高了20%。Yahya等（2014）采用电芬顿法在一定条件下使得环丙沙星在6h的去除率达到了94%。但总体来说，由于芬顿氧化对于pH的要求较严格，且存在铁离子的后续去除问题，其在城市生活污水处理系统的应用并不多。

3) 紫外线高级氧化

基于紫外线的高级氧化技术是通过紫外线辐射产生一系列具有高氧化性的中间活性物质来降解水中污染物，其常被用于PPCPs的去除研究中。Salgado等（2012）的研究显示，紫外线与生物处理工艺联合能够提高PPCPs的去除效果；对PPCPs的降解途径解析发现，污水处理厂的PPCPs有45%通过生物降解去除，33%通过吸附被去除，22%通过低压紫外灯辐射被去除。虽然通过紫外线去除的PPCPs所占的比例最小，但是其作为深度处理工艺所起的作用十分重要，且紫外线与其他深度处理技术联合使用通常能够取得更好的效果。针对污水厂二级处理出水中 32 种新兴污染物的研究发现，仅采用 UV_{254} 作用 10min 后，目标微污染物的平均去除率为 46%，而在此体系下加入 50mg/L 的 H_2O_2 后，去除率升高至 81%，增加作用时间至 30min，UV/H_2O_2 体系可达到 97% 的去除率（Cruz et al., 2012），这与其他研究者在 UV/H_2O_2 体系作用下得到的多种药物去除率大于 90% 的结论类似。Kuo 等（2015）采取 $UV-TiO_2$ 处理甲基苯丙胺浓度为 100mg/L 的水样，在 30min 时去除率为 67%，3h 后可完全去除。尽管臭氧、紫外等高级氧化工艺在去除 PPCPs 方面具备一定的优势，但运行费用较高。当前对多相催化氧化技术的研究也比较多，开发能有效去除 PPCPs 的新型、高效、廉价的催化氧化材料已成为研究的热点。

4.6.2　膜过滤

近年来，微滤、超滤、纳滤等技术在水处理中的研究与应用日益广泛，由于大多数 PPCPs 可以直接通过超滤膜，其在 PPCPs 的去除中的应用受到限制，如 Li 等（2020）研究了污水厂中 9 种防腐剂及其衍生物在臭氧-超滤工艺中的去除效果，发现仅有 1%~10% 的 PPCPs 可被超滤膜截留。由于纳滤/反渗透的膜尺寸与 PPCPs 的分子量相匹配，应用于 PPCPs 的去除研究较多，去除效果主要受膜切割分子量的影响。Yoon 等（2006）研究了纳滤（NF）和超滤（UF）膜对 52 种具有不同物理化学性质（如大小及疏水和极性）的 EDC/PPCPs 污染物的去除效果。结果表明，NF 膜由于疏水吸附和尺寸排阻而保留了许多 EDC/PPCPs，而 UF 膜主要由于疏水吸附而保留了典型的疏水性 EDC/PPCPs，与吸附相关的传递现象可能取决于水的化学条件和膜材料。

4.7　小　　结

当前我国面临水资源紧缺和生态环境恶化的形势，这对我国污水回用技术的发展提出了新的挑战。为了降低城市的生态风险，实现城市可持续发展，必须有组织、有计划、科学地实施污水回用，城市的可持续发展必将进入一个新的历史阶段，污水回用技术具有广阔的发展应用前景。

从污水回用技术的发展方向看：①采用技术可行，经济合理的综合处理方法，尽可能实现资源回收；②开展固定化微生物技术研究，致力于新型混凝剂、助凝剂的研究开发；③高级氧化技术处理痕量难降解有机物有很大优势，因此，深入研究高级氧化技术的处理机理及各痕量有机物之间的相互影响是很有意义的；对于组合工艺等的高级氧化技术，应加强消毒副产物研究，避免有毒有害的消毒副产物产生；④膜分离技术受制于膜材料的开发与应用及清洗，随着纳米技术的不断进步与更新，应大力开展新膜材料、高活性环境催化材料的研究开发；膜清洗技术不应仅仅局限于酸洗或碱洗，紫外、超声波、微波等均可使膜面污染物性质、状态或组分发生改变而脱落，不过目前的研究不够充分；⑤加强生物填料的开发研究，如利用微生物磁效应，改善填料的理化性质，开发改性或磁性生物亲和亲水材料，使填料带有微弱的磁场，起到刺激微生物良性生长代谢的作用，使新生的菌膜易附着于填料表面，衰老、死亡的菌体易脱落；⑥对我国高速城市化发展进程而言，新型生态农村的建设具有举足轻重的地位，为达到水资源的回收与利用，小型、一体式的回用水处理装置将会更受到青睐。

第5章 | 行业水回用实践

5.1 概 述

我国是一个水资源严重短缺的国家。随着工业化和城市化的急速发展，资源型和水质型双重缺水特征凸显，这已成为制约我国经济社会可持续发展的重大瓶颈。受自然条件状况的影响，西北地区水资源匮乏，其发展受到了很大的制约；而东南地区虽然有充足的天然水资源，但是其水污染却相当严重，这是因为排入江河湖泊的污水大多是工业废水和生活污水。目前我国对这些排放污水的处理率偏低，甚至有 70%~80% 的污水未经处理而直接排放。

面对水资源供需日益尖锐的矛盾，传统的开源节流方式已难以解决水资源短缺的根本问题。因此，开发利用非常规水资源的需求显得非常紧迫。城市污水再生利用是开源节流、减轻水体污染、改善生态环境、缓解水资源供需矛盾和促进城市经济社会可持续发展的有效途径。

城市污水再生水是水量稳定、供给可靠的一种潜在水资源。我国的污水排放量正在逐年增长，这一方面导致城市缺水严重，另一方面导致大量的城市污水白白流失，既浪费了资源，又污染了环境。城市污水中污染物质仅占 1%，比海水（5%）少得多，其余绝大部分是可再用的清水，污水经过适当再生处理，可以重复利用，实现水在自然界中的良性循环。一般情况下，城镇供水在使用后，有80%转化为污水，经集中处理后，其中70%是可以再次循环使用的。这意味着污水回用，可以在现有供水量不变的情况下，使可用水量增加50%左右；如果污水平均回用率达到20%，则可解决全国城市1/2以上的缺水量。城市污水就近可得，水量稳定，易于收集，数量巨大，作为城市第二水源，要比海水淡化成本低，处理技术也比较成熟，比雨水来得实际，基建投资比长距离引水经济得多。因此，城市污水的再生利用是开源节流、减轻水体污染程度、改善生态环境、解决城市缺水问题的有效途径之一，对实现污水资源化、保障城市安全供水具有重要的战略意义。

目前，城市污水经再生后（又称再生水）回用到各个行业中的做法，受到了世界各国的高度重视，再生水成为国际公认的城市第二大水源。

美国的再生水回用工程主要分布于水资源短缺、地下水严重超采的得克萨斯、亚利桑那、加利福尼亚和佛罗里达等州。美国城市再生水回用进入生产应用阶段的标志是亚利桑那州在 1920 年修建的分质供水系统。美国国家环境保护局于 1992 年提出了再生水回用建议指导书，就再生水处理工艺、水质要求、监测项目与频率、安全距离等各个方面进行了指导和建议。

日本于 1955 年开展再生水利用。1978 年日本中央及地方政府制订了再生水利用指导计划。1980 年以东京为首的再生水回用设施建设迅速发展起来。截至 2002 年，日本共建设了再生水回用设施 2789 处。日本政府通过减免税金、提供融资和补助金等手段，对再生水供水设施的建设和水价给予较高的补贴。目前再生水已成为日本很多城市的一种稳定、可靠的水源。

以色列是再生水回用方面最具特色的国家之一。20 世纪 60 年代，以色列把回用所有污水列为一项基本的国家政策。截至 1987 年，以色列已建成 210 多个再生水利用工程，其中 100% 的生活污水和 72% 的市政污水已得到回用。目前，以色列 46% 的再生水回用于灌溉，33.3% 回灌于地下水，另外 20 % 排入河道。

纳米比亚于 1968 年建起了世界上第一个合格的再生饮用水工厂，日产水量达 4800m³，水质达到当时世界卫生组织（WHO）和美国国家环境保护局公布的标准。此后，纳米比亚首都温得和克市的污水经二级处理后进入熟化塘，再经除藻、加氯、活性炭吸附处理后与水库水混合作为该城市自来水水源，经卫生评价证明，水质是合格的。

再生水回用按其回用途径大致可以分为农业应用、景观用水、工业利用、城市公用、河流生态以及地下水回灌几个方面。目前，我国已针对这些不同的回用途径出台了相应的回用标准。再生水水质标准是关系公众健康、生产安全和维系再生水回用事业发展的关键。污水经处理后能否回用，主要取决于再生水水质是否达到相应的再生水水质标准。判断再生水是否满足回用标准主要从以下六个方面指标入手。

1）物理指标

物理指标主要包括浊度（悬浮物）、色度、臭、味、电导率、含油量、溶解性固体和温度等。

2）化学指标

化学指标主要包括 pH、硬度、金属与重金属离子（铁、锰、铜、锌、镍、锑、汞）、氧化物、硫化物、氰化物、挥发性酚、阴阳离子合成洗涤剂等。

3）生物化学指标

生化需氧量（BOD）是在规定条件下，水中有机物和无机物在生物氧化作用下所消耗的溶解氧量（以质量浓度表示）。

化学需氧量（COD_{Cr}）是指在一定条件下，经重铬酸钾氧化处理，水中的溶解性物质和悬浮物所消耗的重铬酸盐相对应的氧的质量浓度。

总有机碳（TOC）与总需氧量（TOD）都是经过仪器用燃烧法快速测定的水中有机碳与可氧化物质的含量，并可以同 BOD、COD_{Cr} 建立对应的定量关系。

水中的有机物和无机物被微生物分解时会消耗水中的溶解氧，导致水体缺氧、水质腐败等一系列不良后果。上述水质指标都是反映水污染、污水处理程度和水污染控制标准的重要指标。

4）毒理学指标

有些化学物质在水中的含量达到一定的限度就会对人体或其他生物造成危害，称为水的毒理学指标。毒理学指标包括：氟化物、有毒重金属离子、汞、砷、硒、酚类和各类致癌、致畸、致基因突变的有机污染物质（如多氯联苯、多环芳烃、芳香胺类和以总三卤甲烷为代表的有机卤化物等），以及亚硝酸盐、一部分农药、放射性物质。毒理学指标实际上是指化学指标中有毒性的化学物质。

5）细菌学指标

细菌学指标是反映威胁人类健康的病原体污染指标，如大肠杆菌数、细菌总数、寄生虫卵、余氯等。余氯是反映水的消毒效果和防止二次污染的储备能力的指标。

6）其他指标

其他指标包括在工、农业生产中或其他用水过程中对回用水质有一定要求的水质指标。

污水水质和回用对象情况复杂，为了使再生水供水水质既满足大多数再生水用户的要求，又避免因采用过高的标准导致再生水处理成本增高而不利于污水再生回用的推广，一系列与再生水应用领域相应的再生水水质标准相继出台。这些关于污水再生利用的水质标准，组成了较为完整的标准系列。在污水再生利用的实际工程中，要根据再生水目标用户的相关水质要求，参照城市污水再生利用系列标准的各类水质指标进行生产。

与饮用水相比，再生水的水质特征可能造成的风险主要体现在：① 由盐分及盐离子过高引起的土壤盐渍化及相关风险等；②氮素地下水污染风险；③重金属等痕量元素在土壤累积风险；④新兴污染物地下水污染风险；⑤病原菌传播人体健康风险等。因此，再生水利用具有一定的生态风险，在不同领域应用再生水时，需要充分考虑再生水可能带来的风险。

5.2 农业应用

5.2.1 概述

再生水回用于农田灌溉，不仅能给农业生产提供稳定的水源，而且污水中的 N、P、K 等成分也为土壤提供了肥力，既增加了农作物产量，又减少了化肥用量，此外，土壤的自净能力可使污水得到进一步净化。因此，将再生水回用到农业，在很大程度上缓解了农业水资源的紧缺状况，降低了由于缺水造成的农业生产损失，并且还能进一步净化污水，具有显著的经济效益和深远的社会效益，被视为缓解农业水资源短缺和促进农业增产的有效措施。

世界上很多国家都有将再生水回用于农业灌溉的实践。发达国家农业再生水的使用比例为 65%。澳大利亚农场从 1897 年开始利用再生水进行灌溉；以色列全国 1/3 的农业灌溉使用城市再生水；美国有 45 个州开展了污水回用于农业的实践；日本从 1977 年开始实行农村污水处理计划，已建成 2000 余个污水处理厂，多数用于水稻和果园灌溉。其他国家，如新加坡、意大利、瑞典、法国等也纷纷进行了城市再生水灌溉农田的相关研究和实践。非洲南部的津巴布韦用处理的污水灌溉农田，以缓解农业缺水的矛盾；法国为推动再生水的利用，进行了再生水的健康风险的流行病学调查与评价，并且对接触人群建立了信息系统，以证明再生水回用的安全性。

根据水利部 2020 年《水资源公报》，中国水资源总消耗量为 5812.9 亿 m^3，其中农业耗水 3612.4 亿 m^3，占 62.1%。近年来，由于工业和城市生活用水量的激增以及日益加剧的水体污染问题，导致中国农业用水供需矛盾日益突出。水资源的短缺已成为限制中国农业发展的主要因素之一。因此，我国也将再生水回用于农业视为解决农业水资源短缺的关键。

我国使用再生水进行农田灌溉的历史已经很久了。1957 年，我国建筑工程部联合农业部、卫生部把污水灌溉列入国家科研计划，开始兴建污水灌溉工程，灌溉面积从 1957 年的 1.15 万 hm^2 增加到 1972 年的 9.3 万 hm^2。1972 年我国制定了污水灌溉暂行水质标准；1998 年我国的污水灌溉面积已达 361.8 万 hm^2，占总灌溉面积的 7.3%，其中约 90% 分布在水资源严重短缺的黄、淮、海、辽四大流域。2002 年，农业部在青岛、天津、成都和兰州建立了部、省、县三级城市污水再生回灌农业安全控制实验室和 800hm^2 的试点示范基地。

然而，再生水回用于农业也并不是有利无弊的。城市污水处理厂的污水来源复杂，污染物种类繁多，其采用的二级处理工艺，对污染物质尤其是对于重金属及难降解有机污染物的净化效果并不理想，处理后的水中往往还含有较高的氮、磷、钾等成分、重金属、致病生物和有毒有害有机物。因此，再生水长期用于农业回灌会严重污染环境，破坏土壤结构，影响作物的生长及农产品的质量，甚至会使作物和土壤残毒积累，进一步影响人类健康。

因此，各国开始将原污水处理厂出水进行一定的处理后再用于灌溉，并提出了相应的再生水农用水水质标准。这些水质标准是保证再生水农业回用的前提。

世界卫生组织 1973 年出版了《污水回用于农田灌溉和水产养殖的健康指南》，以色列针对不同的灌溉作物制定了具体的污水回用灌溉水质标准，规定除去皮水果外，生食作物不得使用二级处理出水灌溉。其他国家如美国、突尼斯、加拿大、日本等针对再生水回用于农业灌溉，均制定了较为严格的水质限值标准或灌溉指南等，用以指导、管理再生水的农业灌溉。

中国于 1979 年颁布了《农田灌溉水质标准》并对其进行了多次修订，最近一次修订的版本为《农田灌溉水质标准》（GB 5084—2021）2003 年国家标准化委员会下达了关于修订《城市污水再生利用》系列标准的通知，作为其系列标准之一的《城市污水再生利用 农田灌溉用水水质》（GB 20922—2007）也已颁布实施，这无疑对中国城市再生水农业的安全回用有着极大的促进作用。其具体内容如表 5-1 所示。

表 5-1　农田灌溉用水基本控制项目及水质指标最大限值

指标	灌溉作物类型			
	纤维作物	旱地谷物油料作物	水田谷物	露地蔬菜
生化需氧量（BOD_5）/（mg/L）	100	80	60	40
化学需氧量（COD_{Cr}）/（mg/L）	200	180	150	100
悬浮物（SS）/（mg/L）	100	90	80	60
溶解氧（DO）	≥0.5			
pH 值	5.5～8.5			
溶解性总固体（TDS）/（mg/L）	非盐碱地地区 1000，盐碱地地区 2000			1000
氯化物/（mg/L）	350			
硫化物/（mg/L）	1.0			
余氯/（mg/L）	1.5		1.0	
石油类/（mg/L）	10		5.0	1.0
挥发酚/（mg/L）	1.0			
阴离子表面活性剂（LAS）/（mg/L）	8.0		5.0	

指标	灌溉作物类型			
	纤维作物	旱地谷物油料作物	水田谷物	露地蔬菜
汞/（mg/L）	0.001			
镉/（mg/L）	0.01			
砷/（mg/L）	0.1		0.05	
铬（六价）/（mg/L）	0.1			
铅/（mg/L）	0.2			
粪大肠杆菌数/（个/L）	40000			20000
蛔虫卵数/（个/L）	2			

资料来源：《城市污水再生利用　农田灌溉用水水质》（GB 20922—2007）

不同于普通水灌溉，再生水农业回用还需要考虑回用水水质、灌溉制度、灌溉技术等多方面的问题，目前中国再生水农田灌溉方面的工程技术标准及安全利用规范等方面的标准尚属空白，急需完善再生水农业安全回用相关标准及规范的制定。

5.2.2　水质考虑

再生水水质主要有以下几方面的特点，包括：①盐度（溶解性总固体）增加明显，尤其是钠离子和氯离子；②氮磷等营养元素含量较高；③具有一定的痕量元素、有毒有机污染物和病原菌。因此，如果对于这些问题处理不当，长期进行污灌，定会导致一系列的问题，主要造成的影响体现在植物、土壤、人体健康三个方面。

1. 对植物的影响

在作物和灌溉方式一定的情况下，作物的污染状况和灌溉水质紧密相关，再生水灌溉可能会导致有害物质残留在作物表面，对食用根、茎、叶的蔬菜及瓜果等农产品造成污染，也可能影响作物的产量和品质。相关研究表明，城市再生水中氮的成分过多会造成植物晚熟，果实不够丰满、味道减退和糖分减少；而再生水中铵态氮的严重超标是造成小麦死苗、玉米缺苗的主要原因。此外也有关于再生水喷灌景观树木而伤害叶片的报道。黄占斌等（2007）的研究表明，在玉米苗期灌溉再生水对其生长有一定的抑制作用，原污水和二级再生水灌溉对苗期玉米片中抗氧化酶系统的影响较大。但美国加利福尼亚州的研究表明三级处理水用于作物的灌溉是安全的，这说明污水处理厂二级出水经过深度处理后是可以用于农业回用的。

植物生长需要外界提供微量元素，但是这些微量元素并不是越多越好，植物对其有一定的耐受限度，超过了这个耐受限度，这些元素就会反过来对植物的生长带来伤害。对植物产生影响的主要元素及其影响表现可归结为以下 5 个方面。

1）余氯

过量的余氯可导致植物叶面损伤，也可导致草坪叶片出现黄边等危害症状。通常余氯<5mg/L 被认为对植物是安全的，一般再生水中的余氯不能超过 1.0mg/L。

2）痕量元素

再生水中高浓度的硼会危害植物生长，导致叶片呈畸形萎蔫，褪绿泛黄甚至霉变；而低浓度的硼 （<0.5mg/kg） 对植物的生长是必需的。不同的植物对硼的毒性阈值差别较大，如樱桃、葡萄、洋葱等很敏感，其阈值在 0.5 ~ 0.75mg/kg，小麦、向日葵、草莓和豆角等比较敏感，其阈值在 0.75 ~ 1.0mg/kg。再生水的重金属元素在土壤中累积可对植物造成伤害，但在通常情况下土壤重金属的累积不至于对植物造成直接的危害。

3）盐度

盐度对作物的影响主要取决于土壤盐度、灌溉用水盐度、浸出率及生长作物自身的耐盐度等多方面的因素。当盐分稍一过量时，植物就会出现发芽延迟、生长受阻、枝叶变褐变黄、叶缘枯焦、根茎腐坏等症状。当土壤含盐过多时，就会导致土壤结构发生变化、土壤渗透性变差，从而会影响地上植物的生长。

4）钠离子

钠离子可通过影响土壤的渗透性间接影响植物的生长，并引起植物营养障碍，如钠离子使土壤交换络合物饱和，钙就会从植物根部组织去除，最终植物会由于缺钙而死亡。钠离子过量还可引起叶片灼伤。灌溉水中过量的钠离子会导致土壤分散及结构坍塌，使得细小的土壤颗粒填充到土壤孔隙中并封住土壤表面，使土壤中水分的渗透速率明显降低。

5）氯离子

氯离子对植物造成伤害的主要症状是使植物的叶片变黄、叶片灼烧和生长速度降低。氯离子对于草本没有显著的毒性，但是大多数乔木和灌木对氯离子浓度相当敏感。对于根吸收的植物，氯浓度小于 70mg/kg 没有影响，70 ~ 355mg/kg 中度影响，355mg/kg 以上重度影响；对于叶吸收的植物，氯离子浓度小于 100mg/kg 没有影响，大于 100mg/kg 中度影响以上。

2. 对土壤的影响

利用再生水进行长期灌溉，再生水中各种污染物通过吸收、阻留、土壤胶体颗粒的吸附和土壤溶液的溶解等，逐渐在土壤中富集，达到一定浓度时就会造成土壤污染。相关研究发现长期使用再生水灌溉会造成土壤中 Na、K、P 含量的大幅度增加，使重金属等污染物含量明显高于对照。由于再生水中含有微量盐分，长期不合理的灌溉会影响土壤的渗透性能，使土壤成分发生变化，造成土壤板结，使得土壤保持营养元素的能力减弱，土壤肥力降低。再生水的长期灌溉还会引起土壤物理性质的下降，造成土壤板结、土壤气孔堵塞、土壤通气性变差，从而给作物根系生长带来负面影响。

再生水长期灌溉对土壤带来的影响主要有以下四个方面。

1）土壤 pH

研究表明，再生水灌溉可导致土壤 pH 轻微上升，主要原因是再生水中含有丰富的营养元素，以及较高的碳酸氢根和盐分，可导致 pH 增加。

2）土壤盐渍化

与饮用水相比，再生水最显著的水质特征是含有较高的全盐量。因而，再生水灌溉导致土壤盐渍化的风险广受关注。盐分在土壤中的迁移受灌溉水质、土壤类型、植被类型、气候条件、灌溉措施等多种因素影响，因而，盐分在土壤中的迁移规律不尽相同。

由于再生水盐度相对较高，盐度始终是其潜在的风险因素，长期利用再生水进行灌溉（特别是在蒸发较大、降水较少、排水不良的地区）有可能会使土壤盐分累积，出现土壤次生盐碱化，也可能导致地下水盐度升高，因而需要科学的风险管理措施。目前，国内外针对再生水灌溉对土壤盐分的影响方面研究较多，但现有的研究多集中在田间试验或土柱模拟试验研究，模型相关研究不足，因而对再生水多年连续灌溉盐分累积及迁移动态认识不足，同时，针对再生水水质、灌溉管理方式，以及植被、土壤等对土壤及地下水盐分系统评价的研究还存有不足。

3）土壤重金属污染

重金属类污染物可以损害作物生长，也可通过再生水—土壤—作物—人体暴露途径，危害人体健康。再生水长期灌溉下，再生水中有毒有害离子对环境的影响广受关注。一方面，以城市生活污水为主要来源的再生水，其重金属含量通常较低，中短期的再生水灌溉不足以引起土壤重金属的明显累积。另一方面，由于再生水含有较高的盐分，再生水灌溉下重金属–盐分交互作用可改变土壤重金属的生物可利用性。

虽然再生水中重金属浓度较低，利用再生水灌溉土壤重金属污染风险较低，但由于随作物收获离开土壤的重金属含量通常远小于灌溉水带入量，因而，长期使用再生水灌溉土壤可能会导致重金属累积至危害水平。由于土壤重金属污染过程具有小剂量、长期性的特点，相对于常规检测手段，模型的应用能够更好地探索土壤重金属污染趋势和风险，但目前相关研究还比较缺乏。

4）土壤新兴污染物污染

再生水中的有毒有机污染物是当前国际水处理界和卫生界关注的焦点，再生水中持久性有机污染物（POPs）的残留水平通常较低（如 OCPs 含量在 1 ~ 100ng/L，PAHs 含量在 10 ~ 1000ng/L），相对于大气沉降等其他来源，在环境中的输入通量较小，因而，利用再生水进行灌溉时 POPs 土壤残留风险较低。相对于 POPs，一些新兴污染物浓度残留较高，如多环麝香抗生素含量多在 1 ~ 10μg/L，再生水是其环境中的主要来源，其风险已逐步引起关注（陈卫平等，2013）。

再生水中新兴污染物的浓度及种类受处理工艺、季节以及居住人口特征等影响。通常的污水再生处理系统不能有效去除包括消毒副产物、药品及个人护理用品和内分泌干扰物在内的新兴污染物。多数情况下，再生水中这些污染物的浓度在纳克每升至微克每升水平。与国外同类研究相比，我国污水中药物类污染物的检出率和含量水平普遍接近或高于欧洲及美国等国家报道的水平。

这些新兴污染物具有"类持久性"和效应累积性，研究表明释放到土壤中的新兴污染物，可降低土壤微生物量和硝化作用，影响土壤微生物活性，影响植物的生长和发育，以及土壤原生动物和蚯蚓活动。再生水灌溉时新兴污染物在土壤中的残留水平与其在土壤中的吸附–解吸过程、降解过程、挥发过程等环境行为密不可分，并受再生水水质、土壤质地及灌溉措施的影响。受自身性质、土壤特性和环境条件的影响，再生水中新兴污染物的土壤吸附能力变化很大。

再生水对土壤的影响评价指标是微生物及酶活性，这是评价再生水灌溉对环境安全效应的重要指标，因为不合理的再生污水灌溉将造成土壤中重金属元素和有机污染物增加，从而影响土壤微生物效应及酶活性。可能产生的后果可归结为以下两方面。

（1）导致微生物数量下降、微生物种群改变，再生水灌溉使得一部分微生物群落结构及多样性发生相应变化，这种变化体现为优势类群及亚优势类群丰度增加，对再生水敏感的非优势类群失去原有的地位；另外一部分偶见类群出现或消失，最终导致群落多样性的增加。

（2）当 Ag^+、Hg^{2+}、Cd^{2+}、Ni^{2+}、As^{3+}、Cr^{3+}、B^{3+}、Al^{3+}、Se^{4+}、Mo^{6+} 等离子含量达到 5mmol/kg 时，会有效地抑制硝化反应。

3. 对人体健康的影响

不同于清洁用水，城市再生水中含有重金属、有机污染物，以及各种病毒、细菌、原生动物和寄生虫卵等病原菌，经过处理虽然可以去除一部分，但长期利用再生水不但可能引起灌区环境质量的恶化，而且可能会导致残留的病原菌进入土壤、空气或植被上，进而引发潜在的人体健康风险。

再生水农业回用引发人体健康的潜在风险主要包括以下四个方面。

（1）再生水农业回用利用过程中，部分再生水被雾化，形成气溶胶，通过呼吸进入人体，对人体健康造成威胁。

（2）再生水农业回用过程中，人体与再生水直接接触，可通过皮肤渗入体内，对健康造成威胁。

（3）再生水灌溉导致污染物在食用农产品表面附着，通过生活饮用水或农产品食用对人体健康产生危害。

（4）再生水中痕量重金属元素在长期农业回用中可能污染土壤和作物，并在农产品中积累，通过食物链进入人体而危害人体健康。

评价再生水对于健康影响的指标是再生水中的病原菌数量。尽管经过一定的消毒和处理，病原菌数量大大降低，但病原微生物却依然是使用再生水时最大的健康威胁。人类使用再生水灌溉已有几十年的历史，迄今仍未发现其对人体健康造成危害，然而使用再生水导致疾病传播的可能性仍然未被排除。

经过再生水浇灌的绿地，水中的病原体常会附着在树木和草坪上，人体接触就有可能被感染，而且目前大多数城市绿地采用喷灌形式，雾化程度高、易形成气溶胶，带有病原体的气溶胶通过呼吸途径进入人体有可能造成呼吸系统的感染。为保证再生水的安全利用，对病原微生物进行监测和风险评价十分必要。再生水中主要的病原菌可以分为三大类，即细菌、寄生虫（原生动物和蠕虫）和病毒。目前基于粪大肠菌和总大肠菌的健康风险评价指标尚有一定局限性，该指标对细菌性病原体的指示性很好，但在对于指示肠道原生动物和病毒方面较差，而后者的健康风险更大。因此，对于后者的评价相当重要，但是这个体系目前还不成熟。

5.2.3　灌溉系统

在过去的几十年中，将再生水用于灌溉被认为是世界范围内的一种常见做法（Haruvy，2006）。我国城镇污水大多为混合污水，水质成分复杂多变，尤其是水中的有机污染日益严重，同时由于污水灌溉的理论与技术研究和监控管理体系严重滞后，长期大量的污灌对土壤、地下水、农作物和人体健康存在不利影响（张金娜，2006）。因此，为保证再生水的安全农业回用必须采取对再生水源头进行控制和分类管理的措施，制定相关控制标准和规范，建立再生水回灌示范区，健全污水灌溉监测设施，确保农产品质量和农田生态安全。

再生水灌溉系统的设计应该从灌区选择、灌区的基础建设、灌溉方式、灌区作物选择与灌溉水质这几个方面考虑。

为了确保城市再生水的安全灌溉，在城市再生水用于灌溉之前，应对拟定的灌区进行调查、取样、分析、评价，以确定该地区是否适合再生水灌溉。灌溉地区的土壤最好不要选择易渗漏的砂壤土，如灌溉区已被污染，则该地不能作为城市再生水的农业灌区。此外，灌溉区与居民区之间应有 200m 的卫生防护带，喷灌区应距离居民区 500m 以上，避免水雾中的病原体向居民区扩散。同时，在集中式水源保护区、泉水出露区、岩石裂隙及碳酸岩溶发育区、淡水的地下水位距地表小于 1m 的地区、经常受淹的河滩和洼涝地，也不应设置城市污水再生利用的灌溉区。在灌溉中如出现作物生长异常、地下水中污染物增多，应立即停灌并查明原因。灌溉区的农产品质量，应达到国家食品中污染物限量标准，达不到要求的也应立即停灌，查明原因。

一方面，中国城市污水处理厂一般建在城镇郊区，往往远离农业灌溉区，因此再生水灌溉需要修建相应的输水管网，保证再生水向灌区输送。另一方面，农业用水是季节性用水，需要根据作物生长的需求而供水，而城市再生水每天都会产生，因此必须在再生水灌区建设储存池或储存塘，对污水处理厂的出水进行存储。此外，城市再生水也可以通过储存塘使再生水水质得到匀化和进一步的净化，避免处理过程中意外事故的发生，确保各项水质指标达到农业用水标准。同时，城市再生水在输水过程中，主渠道应有防渗措施，防止渗漏对地下水造成污染。

相对于常规的清水灌溉，城市污水成分复杂，有害物质较多，因此城市污水经处理再生后用于农田灌溉之前，应根据灌溉当地的气候条件、拟灌溉作物的种类及土壤类别等进行灌溉试验，建立适合当地的灌溉制度和灌溉方式，包括城市再生水的灌水定额、灌水次数、灌水时间、清污混灌、清污轮灌等，以最大限度地减少再生水灌溉对灌区造成的危害。合理、先进、科学的再生水灌溉方式，如地表滴灌及地下滴灌系统可以有效地减少灌溉时再生水与作物果实的接触，最大限度地利用再生水中的营养物质而不至于对环境带来危害，也可减少灌溉过程中对灌区农民及民众的暴露风险。

城市再生水在灌溉作物时，必须根据不同的作物类型提出相应的污水处理要求。例如，纤维作物和旱地谷物要求灌溉的城市污水处理达到一级；水田谷物和露地蔬菜要求城市污水处理达到二级；生食蔬菜由于卫生条件要求较高，一般不宜采用城市再生水进行生食蔬菜的灌溉。同时，城市再生水在用于农田灌溉时应保证最近的灌溉取水点的水质符合国家标准规定。旱地作物在灌浆期应改用清水灌溉，避免再生水中的微量污染物进入籽粒。

在灌溉系统运行过程中，需要在全面考虑再生水灌区土壤、水体、作物等边界条件与初始条件的基础上，研究建立一套完善的再生水灌溉的安全技术体系规范，主要分为以下三个方面。

（1）再生水灌溉的安全技术体系，体系主要研究内容有以下几个方面：不同水质灌溉对土壤及地下水的影响及安全评价；不同水质灌溉对作物生长及产量、品质的影响及安全评价；主要农作物分类及对再生水水质控制指标的要求；主要农作物的再生水灌溉制度及模式的研究以及再生水灌溉农田的综合毒性评价方法及快速监测技术研究。

（2）多水源调控与再生水的储存、净化技术的研究，包括多水源的水质分析及调控研究、再生水储存塘的设计与规范研究，以及再生水储存塘的水量调蓄及水质稳定、净化技术研究。

（3）再生水持续灌溉对土壤健康影响的预测模型和灌溉安全技术规范，再生水持续灌溉土壤重金属累积规律及累积模型的研究；再生水持续灌溉土壤有机污染物累积、转化规律及累积模型的研究和灌溉技术规范的内容与要求。

对于再生水灌溉系统的维护，主要是考虑它的堵塞问题。

再生水是一个多物质共存的复杂体系，在回用过程中虽各项指标均达到了排放标准，但是与淡水相比仍然含有大量的悬浮颗粒物、无机污染物（N、P等）、溶解性有机质（DOM）、微生物、藻类等物质。大量研究表明，回灌水中的悬浮颗粒物会造成回灌系统的表面游堵与介质内部堵塞。回灌水中含有的氮、磷、有机质等会给微生物、藻类生长提供营养物质，促进渗滤介质表面附生生物膜生长，生物膜体积的增加及所产生的代谢产物极易引起介质渗流性能降低。回灌过程中所引发的堵塞问题严重影响着回灌工程的补给效率、维护成本及使用寿命。

因此，国内外研究人员对再生水回用河道渗滤系统的堵塞问题给予了广泛关注，但研究多针对较大粒径的悬浮颗粒物的堵塞，对于较小粒径的颗粒物化及引起堵塞的多因素之间相互作用体系的研究较少。探索再生水补给型河道渗滤介质在物理、化学及生物等因素作用下的渗流–堵塞过程耦合机理十分必要，这对于揭示回灌系统的堵塞规律具有重要意义。

5.2.4　案例分析

以色列全国年均降水量约为 350mm，其中有一半地区的年均降水量少于 180mm；全国每年的淡水资源不足 15 亿～16 亿 m³，人均淡水量低于 300m³/a，为严重缺水国家。在这种情况下，以色列在污水净化和回收利用方面做了大量的工作，是世界上再生水利用率最高的国家。再生水主要回用于灌溉、工业企业、家庭冲厕、河流复苏等。与世界其他国家类似，农业灌溉是以色列最大的用水部门，约占全国总用水量的60%以上。因此，以色列再生水回用量约有42%用于农业灌溉。

以色列使用再生水的历史可以追溯到20世纪70年代。1971年以色列议会通过了对水法的修正案，加强了对水资源保护的内容，禁止将未处理的污水直接排放于环境中。对不符合污水排放标准的单位征收排污费，对污水处理和利用项目提供财政扶持政策。将污水作为国家水资源的一部分加以管理和利用，并作为国家的一项基本政策来实施。开始建立一些大的污水处理工程，处理的污水质量明显提高，污水灌溉面积也开始迅速增加。其中最大的项目是Shafdan工程，用于处理特拉维夫市及其相邻地区污水，日均处理污水270000m^3，占全国污水处理量的1/3左右。这一工程将经过二级处理后的污水采用土体净化法进一步处理，将其注入面积达几百公顷的入渗池，入渗过程中利用土壤的净化作用处理污水。入渗的污水平均在土体中保存400余天，然后通过分布于距入渗池300~1500m的回收井将入渗的处理水抽出，利用专门的管道输送到南部缺水的内盖夫（Negev）地区，每年可为这一地区供应1亿m^{3}的灌溉水。处理后的污水BOD含量小于0.5mg/L达到正常灌溉水的标准，适应于各种作物的灌溉。这一工程的优点在于处理的污水质量高，避免了采用水库储存时水分的蒸发损失。

污水进一步处理的另一方法是将二级处理后的污水储存于水库中，储存时间一般在两个月以上。这一方面解决了污水排放时间与农业利用时间不协调的矛盾；另一方面，储存过程中的沉淀、分解等作用，改善了污水的质量。处理后的污水达到限制性灌溉用水的标准，若调节恰当，一些处理水可达非限制灌溉水的标准，这一方法被称为DRT法。DRT法在以色列的应用最为普遍，主要用于小型污水处理项目，也有一些大型工程采用该法，如位于以色列北部的Qishon工程，将海法市产生的污水就地进行二级处理后，输送到30km以外的Jeezael地区的水库储存，用于那一地区的棉花和其他一些作物的灌溉。至今，以色列已建成大小不同的此类水库200余座，容纳了约1.5亿m^{3}的处理污水。这些水库还起到了蓄积雨水的作用。目前，以色列的城市和所有的定居点已建成了较健全的排污系统，并因地制宜地建立了相应的污水处理工程。几乎所有排出的污水都进行了二级处理，约有60%以上的污水用于农业灌溉。为便于污水的农业利用，以色列将全国按自然流域划分为7个大的区域，每个区域内按污水产生数量都制订了利用计划，在一些地区，几乎所有的污水都得到了处理和利用。

与一般灌溉水源不同，处理后的污水中含有的一些成分，如盐分、重金属、病菌等，若使用不当，可能会引起农产品污染，品质下降，破坏土壤结构，污染地下水源，导致病菌流行等问题。因此，以色列政府和有关部门先后组织市政、环保、卫生和农业等行业的科技人员围绕着污水农业利用问题开展了大量的研究工作。

早在1963年，以色列国家水管理委员会就开展了全国污水处理及利用的调查研究。之后就污灌对作物生长、土壤肥力等的影响进行了系统的研究，肯定了污灌在农业生产和环境保护中的意义。污水灌溉时，根据污水质量不同，确定适应灌溉的作物种类。对于经过土壤入渗处理的污水，水质已达正常灌溉水的标准，可应用于各种作物的灌溉。未经土壤入渗处理的污水，主要用于棉花、饲料作物、林地、草地、烹调类蔬菜、带皮类或用于加工的水果的灌溉，应用最多的作物为棉花、柑橘、鳄梨等。全国28500hm²棉花几乎全部采用处理的污水进行灌溉。广泛采用的先进的滴灌技术，避免灌溉时污水直接与作物接触，或喷灌时病菌在空气中的传播。为进一步减少污水使用时的负面效应，已开始将地下渗灌技术应用于污水灌溉领域。以色列政府和科研人员还十分重视长期污灌对土壤、水体等环境影响的研究。建立了一些较长期的检测试验点，并不定期地对全国污灌土壤进行普查，以评价污灌的效果，确定合理的污灌技术和标准等。例如，1998年和1999年连续2年通过对全国200余个污灌的柑橘和鳄梨园的调查发现，与淡水灌溉相比，污灌使土壤中的N、P、K、B的含量增加，土壤的EC、Cl和一些重金属的含量无明显变化（陈竹君和周建斌，2001）。通过不断的努力，再生水农业灌溉不但缓解了以色列水资源短缺的状况，还起到了节约肥料、保护环境的作用，带来一定经济效应。从以色列污水灌溉的成功经验看，对水资源短缺的认识和环境保护意识的增强是污水利用的驱动力，政府的重视和支持是污水利用的前提，科学研究与试验是污水有效利用的支撑和保证。

5.3 景观用水

5.3.1 概述

美国于1932年在旧金山建立了世界上第一个将出水再利用为公园湖泊观赏用水的污水处理厂；日本也曾在1985～1996年用再生水复活了150多条河道的景观功能；以色列半干旱地区的大多数城市河流中流淌的都是再生水。

"七五"和"八五"期间，我国在天津、泰安相继开始了城市污水回用于景观河道和景观水体的研究。"十五"期间，先后建成了一系列示范工程，如北京高碑店污水处理厂、天津市补充生态居住区的景观水体工程、纪庄子污水处理厂等，在一定程度上将这些处理厂处理后的再生水回用于公园、河湖作为补充水。北京陶然亭公园、龙潭公园和大观园公园三个湖体自 2000 年开始以再生水作为补充水源。

但使用再生水回用于景观水体，也存在着一定的风险。例如，每年夏季再生水体都会出现严重的蓝藻暴发、颜色变绿、观赏鱼体型明显变小等水体富营养化症状。近年来还伴有水华出现时间早、持续时间延长的现象，水体变成浓绿色黏稠状。此外，娱乐性景观用水易于与人体皮肤直接接触，也易于通过呼吸道进入人体内，因此，对回用于娱乐性景观用水的再生水水质有着更高的要求。总的来说，回用于景观的再生水必须满足一定的水质要求。

在城市污水回用系统中，回用水是通过回用水配水管道统一输送到用水点，所以水质是一定的。因此，在城市污水回用系统中，确定一个合理的水质指标是至关重要的（表 5-2）。

表 5-2　景观环境用水的再生水水质

项目	观赏性景观环境用水			娱乐性景观环境用水			景观湿地环境用水
	河道类	湖泊类	水景类	河道类	湖泊类	水景类	
基本要求	无漂浮物，无令人不愉快的嗅和味						
pH（无量纲）	6.0～9.0						
五日生化需氧量（BOD$_5$）/（mg/L）	≤10	≤6	≤10	≤6			≤10
浊度/NTU	≤10	≤5	≤10	≤5			≤10
总磷（以 P 计）/（mg/L）	≤0.5	≤0.3	≤0.5	≤0.3			≤0.5
总氮（以 N 计）/（mg/L）	≤15	≤10	≤15	≤10			≤15
氨氮（以 N 计）/（mg/L）	≤5	≤3	≤5	≤3			≤5
粪大肠菌群/（个/L）	≤1000			≤1000		≤3	≤1000
余氯/（mg/L）	—					0.05～0.1	—
色度/度	≤20						

注：①未采用加氯消毒方式的再生水，其补水点无余氯要求；②"—"表示对此项无要求。

资料来源：《城市污水再生利用　景观环境用水水质》（GB/T 18921—2019）

5.3.2　水质考虑

回用于景观的再生水，根据不同的回用用途而有着不同的水质要求（郭建等，2016）。

1. 景观/环境水体补充

回用水用于环境水体补充主要指市内天然及人工河湖或水塘在非雨洪期为维持基本流量进行的水量补充或沼泽地维护等。此类环境用水应清澈、无毒、无臭，去除营养素而避免富营养化，考虑余氯对水生动植物的危害，并且各项指标值要根据与公众的接触机会的多少而定。

促进改善环境的污水再生回用涉及许多问题，其中主要有藻类的控制和泡沫的控制（泡沫生成物）。只有全面考虑这两方面的内容才能制定完备的水环境补充与恢复的再生水标准。我国的环境用水标准与目前的回用要求还有一定差距。

在藻类的控制方面体现为氮、磷等指标值过高、对无机碳未作限定，如地表 V 类水体要求含氨氮、总磷分别为 1.0mg/L、0.2mg/L；V 类湖泊水库的总氮、总磷分别为 1.2mg/L、0.12mg/L。可见，我国规定的回用水氮、磷指标远不能起到约束作用。从悬浮物浓度和叶绿素 a 浓度关系得知，为使悬浮物浓度<20mg/L、叶绿素 a 的浓度<100mg/L，需要求相关的总磷浓度<0.1mg/L，相关的氮浓度<1.5mg/L，无机碳浓度<10mg/L，这样才能抑制藻类的生长。

在泡沫生成物的控制方面，我国的限定较为模糊。据经验，导致泡沫生成的表面活性物质（如亚甲基蓝活性物质）的含量<0.3mg/L，同时 COD_{Mn}<10mg/L 时方可抑制泡沫生成。另外，回用指标中欠缺余氯等项目的设置，常规污染指标（如 BOD_5 等）限定值较高的问题（远超出健康水体含量，四类水体 BOD_5 值为 6mg/L、五类水体为 10mg/L）也不容忽视。因此，要想再生水恢复和维系城市健康水环境，必须严格限定此类回用水标准的指标值。日本在再生水用于景观水体方面的实践堪为典范，使其主要城市境内的河溪得以复活。我国的污水再生回用于环境水体指标要根据城市二级污水处理能力和健康水质的对比分析求得出水限值，使其在回用中真正起到指导作用。

2. 娱乐/景观用水

娱乐用水指划船、露营、钓鱼、娱乐场所的游泳、淋浴和戏水，以及渔场与水产业等的需水，同时包括恢复水环境良性循环（一般恢复为饮用水源的水质）的回用水。由于娱乐用水、景观水体补充以及河流等水环境恢复用水几乎与人体直接接触，水质污染更容易对公众带来危害，故回用水除了应具备景观用水指标外，更要注意细菌病毒等对人体皮肤和眼睛的损害。

由于对直接接触人体的娱乐用水或饮用水源补水（间接回用之一）的各项指标要求仅次于饮用水水质，故除了沿用泡沫生成物、溶解氧等方面的控制指标外，还要着重考虑回用于渔场和水产业的指标，如由回用水维持的鱼类或虫类等的水生态区，要求溶解氧浓度在 5~7.5mg/L；为防止未溶解的氨化物对鱼类有毒害作用，要严格控制非溶解的氨浓度<0.02mg/L；氯消毒可杀灭大肠杆菌，但余氯也会抑制水生生物生长，需要采取措施控制其浓度等。目前我国此类用水标准的划分较为模糊，如余氯、浊度、溶解氧等指标欠缺，而 BOD_5、氮、磷等常规指标限值过高，这样的标准不但不能保证用水安全而且使回用水在感观上不能被公众接受。建议应按具体用水的目的（如根据具体娱乐用水方式、饮水源补给等）规定回用水质，并且除常规污染物外，也应对微量污染物如盐类、金属元素等有所考虑。

目前所利用的许多景观水体都不同程度地存在富营养化现象，甚至也包括一些Ⅳ、Ⅴ类水体。然而只要水体没有黑臭腐化，就仍然具有重要的景观用水价值。因此可以说，景观水体保护技术方案的目标，并非是控制其不发生富营养化，而是控制其不发生黑臭腐化现象。富营养化是湖泊老化的一个标志，在封闭或缓流水体中极易发生，严重的富营养化最终易导致水体黑臭；而在封闭半封闭性质的景观水体，可以不必用控制水体富营养化的水质标准来衡量再生水水质是否达标，氮、磷指标可以适当放宽。在水体生态系统较完善的情况下，水生植物可以吸收大量氮、磷与有机营养物质，并向水中释放氧，水中的鱼类吃掉部分水藻，可控制水藻的数量，一定程度上维持水体质量的稳定。因此，在水体的生态系统或水力流动等复氧机制完善的情况下，应充分考虑并利用水体的自净作用。

5.3.3 案例分析

1997~2009 年，墨尔本正经历着严重干旱。生态工程顾问公司提出，在皇家公园建立人工湿地不仅能恢复该区域因城市发展而丧失的生态多样性，同时湿地内整合的雨水收集系统将为公园的体育活动场所提供浇灌用水，形成优质而实用的功能型景观。设计师们根据综合的景观分析（用地分析）、集水区水文条件分析和地区水量平衡分析设计了一套收集雨水回用于公园景观用水的体系（布林等，2014）。

皇家公园的排水系统的水渠汇水区域面积为 $187hm^2$，该汇水区穿过公园的西北角，汇水区内的动物园是园内唯一比较重要的可以为较大规模雨水收集系统提供足够雨水水源的集水区。项目组与地方政府合作，共同确定了公园内一处废弃的曲棍球场作为湿地处理区域（占地 $0.9hm^2$），把城际收费公路（泰勒马林免费高速公路）附近的一块区域作为可能的收集池（$1.2hm^2$）。按照一般城市集水区的排水规律，最终设计储水量为 $12000m^3$（假设储水水位可以上下波动 $1m$）。

集水区水文条件分析和水平衡分析表示处理系统的占地面积尤其是储水面积，决定了整个系统究竟可以回收多少雨水并将其用于公园的灌溉。

雨水回收处理后将被用于开放空间的灌溉，需要考虑当地对此种用水的具体要求。澳大利亚法规对公共开放空间的灌溉有明确的指导准则，因此，系统中的基本元素以满足准则中的各项规定为基本设计考量。项目的整个处理流程包括：

（1）皇家公园排水系统（水渠）上设立沉淀池和分流池。

（2）处理型湿地。景观规划将湿地的布局与皇家公园的氛围和谐地融合在一起，以提供更好的视觉、娱乐和教育功能。在湿地最高水位以上的部分为景观设计，以下则为湿地设计。通过控制湿地的面积、地势、水深及出水流量，来满足雨水和湿地植被的充分接触并保证足够的滞留时间，最终达到雨水水质处理目标为：总悬浮颗粒<10mg/L；总氮量<1.0mg/L；总磷量<0.1mg/L。为满足处理后储水区域具有良好的水质，以上指标为对水质的最低要求。

（3）处理后水的收集和储存（地表储水系统及地下储水系统）。湿地将持续处理由皇家公园雨水管道输送而来的雨水，并将其输送至储水区，该运行模式独立于灌溉用水的实时需求。尤其在冬季，即使储水池已达到最大储水量，处理后雨水仍将不断地输送至储水区。正因如此，需设立一个具有足够排水量的溢流口，其不仅可以将超出最大储水量的水直接输送至下游排水系统，还可以有效排出储水池中由局部集水区产生的雨水。

储水池的主要功能为收取并储存处理后的雨水，以供灌溉用水使用。根据景观分析来确定适合作为储水池的地点及其面积，增加储水池的大小可以收集更多的雨水。当累积一定的系统运行经验后，当地政府又安装了一个5000m³的地下储水池来增加雨水收集量。该地下储水池就设置在罗斯思道保护区的棒球场下。

（4）泵站及灌溉用水紫外线消毒系统。小型单日用水分配池设置于输配管线顶端，根据灌溉系统的夜间运作需求抑制由储水区出水不稳定造成的水量波动。因紫外线消毒良好，具有即时消毒效果，单日分配池无需设计多余容量来满足入水最低停留时间。在灌溉用水到达位于输配管线顶端的单日用水分配池前，雨水经进一步的紫外线消毒后即可达到澳大利亚A级用水标准。

（5）灌溉用水消毒后的单日用水储存系统。水泵及输配管线相互依赖并配合，其功能即输送每日灌溉用水，其设计尺寸可以满足每日的最大灌溉峰值用量。

生态功能型景观的设计还应考虑各项处理元素如何与所在地的景观设计相结合。在公园里嵌入人工湿地，因为景观方面的一个重要设计准则是尽可能多地保护和保留湿地周边的成熟树木。

整个系统于2004年开始建造，并于2005年夏进行景观绿化和植被种植。系统于 2006 年进入试运行阶段。结果表明，经处理流程后，水中污染物显著降低；储水池水体满足澳大利亚关于娱乐用水（间接接触）的水质标准；储水池水体满足澳大利亚关于湖泊和水库的水质标准，说明该储水池不具引发水藻暴发的危险；储水池水体虽显示部分盐度增加，仍满足澳大利亚关于一般敏感作物的灌溉用水的盐度标准；储水池水体并不符合澳大利亚针对公共空间开放式灌溉的大肠杆菌水质标准，此结果符合设计预期，并据此在处理流程中加入了紫外线消毒环节。

皇家公园湿地和雨水收集系统是"将城市本身作为集水区"概念的典型范例。雨水从不可渗透型集水区被集中化收集、处理并利用，使集水区本身实现用水的自给自足。皇家公园湿地项目实现了在满足水质标准的同时，又能在公园中提供一个优美怡人的湿地景观的重要性和独特性。

5.4　工　业　利　用

5.4.1　概述

在我国城市水资源总消耗中，工业用水要占去 50% ~ 80%，故在节水方面也有很多工作可以做。面对清水日缺、水价上涨的严峻现实，工业企业除了尽力将本厂废水循环利用、循序再用，提高水的重复利用率外，也日渐重视城市污水在工业上的回用。工业用水由于具有水量不随季节变化的特点，能够成为再生水的稳定用户。因此，在全国各地推进城市污水再生利用，致力于提高再生水利用率的过程中，将工业用水纳入再生水回用的主要途径是非常必要的。

再生水回用于工业的具体用途有冷却用水、洗涤用水、锅炉用水、工艺和产品用水。工业用水根据用途的不同，对水质的要求差异很大，水质要求越高，水处理的费用也越大。理想的回用对象应是用水量较大，且对水质处理要求不高的部门，如间接冷却用水和工艺低质用水（洗涤、冲灰、除尘、直冷、产品用水）等。冷却水用量在用水量中所占的比例较大，是目前国内外应用较广泛的工业回用用途之一。

据统计，我国工业万元产值用水量平均为 130m³，是发达国家的 1 ~ 20 倍，我国水的重复利用率平均为 40% 左右，而发达国家平均为 75% ~ 85%。随着经验逐步丰富和技术不断成熟，我国先后建成了大量的污水回用工程，如大连市春柳河水质净化工程是我国第一个再生水回用示范工程，回用于化工厂做冷却和工艺用水；太原市北郊污水处理厂将再生水送至太原钢厂作为直流式锅炉冷却水等。

　　再生水的水质及其回用的安全可靠性，是影响再生水工业回用的重要问题（王晓昌和金鹏康，2012）。我国已对工业回用的再生水制定了水质标准（表5-3）。

表5-3　再生水用作工业用水水源的水质标准

控制项目	冷却用水		洗涤用水	锅炉补给水	工艺与产品用水
	直流冷却水	敞开式循环冷却水系统补充水			
pH	6.5~9.0	6.5~8.5	6.5~9.0	6.5~8.5	6.5~8.5
悬浮物（SS）/(mg/L)	≤30	—	≤30	—	—
浊度/NTU	—	≤5	—	≤5	≤5
色度/度	≤30	≤30	≤30	≤30	≤30
生化需氧量（BOD_5）/(mg/L)	≤30	≤10	≤30	≤10	≤10
化学需氧量（COD_{Cr}）/(mg/L)	—	≤60	—	≤60	≤60
铁/(mg/L)	—	≤0.3	≤0.3	≤0.3	≤0.3
锰/(mg/L)	—	≤0.1	≤0.1	≤0.1	≤0.1
氯离子/(mg/L)	≤250	≤250	≤250	≤250	≤250
二氧化硅/(mg/L)	≤50	≤50	—	≤30	≤30
总硬度（以 $CaCO_3$ 记）/(mg/L)	≤450	≤450	≤450	≤450	≤450
总碱度（以 $CaCO_3$ 记）/(mg/L)	≤350	≤350	≤350	≤350	≤350
硫酸盐/(mg/L)	≤600	≤250	≤250	≤250	≤250
氨氮（以 N 记）/(mg/L)	—	≤10[a]	—	≤10	≤10
总磷（以 P 记）/(mg/L)	—	≤1	—	≤1	≤1
溶解性总固体/(mg/L)	≤1000	≤1000	≤1000	≤1000	≤1000
石油类/(mg/L)	—	≤1	—	≤1	≤1
阴离子表面活剂	—	≤0.5	—	≤0.5	≤0.5
余氯[b]/(mg/L)	≥0.5	≥0.5	≥0.5	≥0.5	≥0.5
粪大肠杆菌群/(个/L)	≤2000	≤2000	≤2000	≤2000	≤2000

　　a 当敞开式循环冷却水系统换热器为铜质时，循环冷却系统中循环水的氨氮指标应小于 1mg/L。
　　b 加氯消毒时管末梢值。
　　资料来源：《城市污水再生利用　工业用水水质》（GB/T 19923—2005）

5.4.2　水质考虑

　　从表5-3中可以看出，如果把这些指标分为两类来考虑，则第一类的常规指标（污水再生处理和一般回用所关注的指标，如 COD_{Cr}、BOD_5、石油类、阴离子表面活性剂、氨氮、总磷、色度、粪大肠菌群、浊度等）的要求并不特殊，处理水达到《城镇污水处理厂污染物排放标准》（GB 18918—2002）一级 A 排放标准，即能满足再生水作为工业用水水源的要求。

第二类的指标是没有列入污水处理和一般回用水水质标准中的水质指标（如铁、锰、氯离子、总硬度、硫酸盐、溶解性总固体等），其要求与《生活饮用水卫生标准》（GB 5749—2006）水质项目的限值是相同的，表明再生水作为工业用水水源时对水中的一些无机离子浓度有更高的要求。此外，《城镇污水处理厂污染物排放标准》GB 18918—2002 中还规定了水中二氧化硅浓度和总碱度的标准值，这两项不属于饮用水水质项目的范畴，可被认为是对再生水作为工业用水水源的特殊水质要求。这是由于在工业水回用中，最受工业界关注的是管道的腐蚀与结垢问题。腐蚀的产生通常包括电化学反应引起的腐蚀和物理性腐蚀两大类，前者多发生在金属的裂缝、凹陷、接口处，后者则多发生在金属表面，除了硫酸盐、硫化氢等腐蚀性物质造成的腐蚀外，微生物繁殖也被认为是引起腐蚀的重要原因。因此，有必要关注对微生物繁殖起促进作用的水质指标的控制，如尽量降低再生水中的残余有机物浓度、氮和磷的浓度、悬浮固体浓度或浊度等。结垢的主要原因除了常见的碳酸钙沉积以外，与钙、铁、硅离子相关的磷酸钙、羟磷灰石、硅酸镁、锥辉石、方沸石沉积等物质在再生水的工业回用中都有可能导致结垢的发生。因此，有必要关注对再生水中相关金属离子浓度的控制。

工业回用除要注意在应用过程中对操作人员的危害外，还要防止细菌再生而产生黏泥、泡沫等，尽量减轻一些微量元素造成的腐蚀、生垢、沉淀或堵塞。污水经处理后回用于工业，大部分是用作冷却用水，所以回用工业水道的水质应按冷却水要求考虑。

我国工业回用水的缺陷首先是回用方向单一，只是对工业上水质标准低的冷却回用水水质有所限定，还未涉及其他工业用水（如建筑用水及其他工业/工艺用水），水质标准也较为模糊，我国的工业回用水标准的制定很不均衡；其次，回用做工业冷却水的部分指标虽较为具体，但对无机微污染（如 Si、Fe、Mn、Ca 等化合物）的限制仍为空白，容易在应用过程中造成对管道、设备的锈蚀等，相对而言国外对微污染控制的标准和规定较为具体和严格；另外，冷却回用水水质中对生物污染指标几乎没有限定，只是对间接冷却水规定异养菌指标为 50～104 个/mL，该值不能保障使用的安全性，并且生物污染严重的回用水还会由于产生黏泥等物质干扰工业生产的正常运行。建议我国的工业回用水应总结以上不足，制定出考虑完善的工业回用方向指南、明确各回用方向的具体水质指标等。

5.4.3 案例分析

当前，北京市再生水主要的回用途径有以下四个方面（王佳等，2013）。

1）工业利用

再生水在工业领域主要用作热电厂冷却用水，目前市区四大热电中心（西北热电中心、西南热电中心、东北热电中心、东南热电中心）全部使用再生水作为冷却用水，用水总量占全部再生水回用水量的50%以上。

2）农业灌溉

再生水就近用于农田灌溉，不仅使水资源得到循环利用，还可以节约大量输水工程。用于农业灌溉的再生水，水质标准相对宽松，可适当放宽出水的氮、磷标准，这样更有利于作物生长。目前北京市30%的再生水用于北京市城郊农灌区。

3）城市河湖环境用水

根据北京市河湖水系水体功能及水质标准，IV类、V类水体河湖的环境用水可采用再生水补水。再生水回用可有效解决中心城约290km河道、374hm^{2}湖面及永定河环境用水问题，改善城市河湖水环境。

4）市政杂用和园林绿化

再生水用于市政杂用和园林绿化的比例约4%，市政杂用包括建筑冲厕用水、道路冲刷、绿地浇洒与降尘用水、冲洗汽车用水及建筑施工降尘水等。此类用水对水质要求不高，但在使用过程中需尽量避免与人体直接或间接接触。北京市规划在"十二五"期间市区全部主干道和次干道都采用再生水冲刷，全部公共绿地用再生水浇洒。

经过近十年的积极发展，北京市再生水回用工程已初见规模，但目前仍存在两方面的主要问题。

1）再生水质量及安全使用

再生水产品中仍不可避免地残存有机物、重金属、营养盐，以及处理后的消毒副产物等有毒有害物质，可能会导致水体的富营养化，污染地下水、土壤及农作物，对公众健康造成安全隐患。其中对健康安全的担忧也是造成再生水在居民生活用水方面利用受限的主要原因之一。因此，水质保障是再生水回用需要解决的首要问题。

2）生产输配及运营维护

2008~2011年，再生水用量占全市供水量的17%～19%，逐年略有上升，总的来说再生水利用比例不高，其主要原因包括：再生水厂生产能力不足，如清河、北小河等再生水厂生产能力仅为污水处理能力的1/6，同时输配系统不够完善，偏远用户覆盖不全；价格机制不完善、资金回报周期长等原因，导致运营和维护资金不足，部分投资者面临亏损，投资再生水项目积极性不高，从而影响再生水的回收利用。

北京市再生水回用的普及需要优先解决上述问题。

5.5　城市公用

5.5.1　概述

目前再生污水在城市生活中主要应用于以下两个方面：①市政用水，即浇洒、绿化、景观、消防、补充河湖等用水。该类用水一般需要包括除磷、过滤、消毒等二级以上的处理，以控制水体富营养化的程度，提高水体的感观效果；还要满足卫生要求，保证不危害人体健康；②杂用水，即冲洗汽车、建筑施工以及公共建筑和居民住宅的厕所冲洗等用水。这类用水量较少，但应格外注意其回用的安全卫生性，以免危害消费者的身体健康，水中不应含有致病菌，应该清洁、无臭、无毒，且悬浮物含量不能过高，以免堵塞喷头。

世界上大多数地区对生活饮用水源控制严格，虽然已有将城市污水经深度处理后直接用作生活饮用水源的先例，但由于生活用水水质要求很高，大多数地区对此类应用仍持保守态度。例如，美国环保局认为，除非别无水源可用，尽可能不以再生污水作为饮用水源。因此，再生水回用于城市公用的做法较少。目前，我国各地根据相应的法律、法规的要求，对于污水回用主要还是采用建筑中水系统的形式，大型的污水回用项目还不多。随着水资源紧缺形势的加剧，以及人们节水意识的不断提高，建立适当大型的城市污水回用水系统已经成为污水回用发展的必然趋势。

伴随着再生水回用于城市公用的发展，对于再生水回用的各项法律法规也相应出台。2001年颁布的《北京市关于加强建设项目节约用水设施管理的通知》规定，新建项目符合以下条件的，必须设计、建设中水设施：①建筑面积2万 m^2 以上的旅馆、饭店、公寓等。②建筑面积3万 m^2 以上的机关、科研单位、大专院校和大型文化、体育等建筑。③建筑面积5万 m^2 以上，或可回收水量大于 $150m^3/d$ 的居住区和集中建筑区等。2006年，北京已建成投入使用160多个中水设施，处理能力达到4万 m^3，日回用水量约2.4万 m^3，回用于冲厕、洗车、绿化等。2003年12月1日起天津市实施的《天津市住宅建设中水供水系统技术规定》中明确规定：新建住宅必须按照规定设计并使用中水供水管道或自循环中水处理系统，未按规定实施住宅中水供水系统的工程将不予竣工备案。

5.5.2　水质考虑

在再生水各种回用中，城市杂用水与人体接触的概率最大，对人体健康的影响至关重要。表 5-4 所示的《城市污水再生管理 城市杂用水水质》中虽明确规定了回用于洗车、扫除、冲洗、绿化等污水的水质标准，但该标准中的指标除浊度、溶解性总固体、BOD_5、氨氮、阴离子表面活性剂、铁、锰等常规指标外，尚无重金属、农药、有机污染物、内分泌干扰物等有毒有害指标，也没有反映水质安全的关键性指标，如综合毒性指标、特异性指标、可吸附有机卤素（AOX）及挥发性有机污染物（VOCs）等。

表 5-4　城市杂用水水质基本控制项目及限值

项目	冲厕、车辆冲洗	城市绿化、道路清扫、消防、建筑施工
pH	6.0 ~ 9.0	6.0 ~ 9.0
色度，铂钴色度单位	≤15	≤30
嗅	无不快感	无不快感
浊度/NTU	≤5	≤10
五日生化需氧量（BOD_5）/（mg/L）	≤10	≤10
氨氮/（mg/L）	≤5	≤8
阴离子表面活性剂/（mg/L）	≤0.5	≤0.5
铁/（mg/L）	≤0.3	—
锰/（mg/L）	≤0.1	—
溶解性总固体/（mg/L）	≤1000[a]	≤1000[a]
溶解氧/（mg/L）	≥2.0	≥2.0
总氯/（mg/L）	≥1.0（出厂），≥0.2（管网末端）	≥1.0（出厂），≥0.2[b]（管网末端）
大肠埃希氏菌/（MPN/100mL 或 CFU/100mL）	无[c]	无[c]

"—"表示对此项无要求。

a 括号内指标值为沿海及本地水源中溶解性固体含量较高的区域的指标。

b 用于城市绿化时，不应超过 2.5mg/L。

c 大肠埃希氏菌不应检出。

资料来源：《城市污水再生管理　城市杂用水水质》（GB/T 18920—2020）

市政杂用水包括冲厕、洗车及清扫、空调、消防、景观灌溉（公园、墓地、高尔夫球场、学校操场、住宅草坪、公共绿地等城市绿化带）、道路广场喷洒等用水。由于市政杂用贴近人们生活，涉及的限定水质也比较严格，应注重在日常生活中累积效应所可能造成的后果。首先要避免危害公众健康，尤其是气雾或气溶胶，其为散播病原体，另外要限制引起水垢、腐蚀、微生物滋生或淤塞的回用水成分。

我国市政杂用水水质标准存在的问题是分类不够具体，只限定了生活杂用水水质，对市政杂用的其他方面没有规定。另外已规定的回用指标中，有些易引起水垢、腐蚀、生物滋生或淤塞的回用水成分的限定值偏高，如浊度的国内回用标准限定值为 5NTU（远高于美国环保局的规定值 2 NTU），在此限定值下，再生水容易对回用设施造成危害。有资料统计，市政杂用水占正常生活用水的 1/2 左右，因此市政杂用将成为回用水的大市场，对各回用方向的水质（包括消防、景观灌溉、道路广场喷洒等）制定详细的标准有利于此类回用的拓展。

5.5.3 案例分析

纪庄子污水回用工程（含再生水厂和配套管网）是天津市在 2002 年建成的第一个国家污水回用试点。我们以纪庄子再生水厂为例，介绍天津市再生水供水现状（陈桂琴和吴斌，2010）。

目前，纪庄子供水系统已向梅江等 505 万 m^2 的居住区和奥体中心等 39 个公建项目供水，用于冲厕、区内绿化、湖面补充用水；已向无缝钢管公司等 10 个工业用户供水，用于循环冷却、锅炉房和热网补充用水；已向堆山公园等 122 万 m^2 公共绿地供水，用于绿化和湖面补充用水。

纪庄子供水系统年售水量从 2005 年的 113 万 m^3 提高到 2007 年的 328 万 m^3，但只达到再生水厂设计生产能力的 18%。造成这一问题的原因主要是大部分再生水主干管网都是随路建设的，由于拆迁、征地不到位等原因，管网建设进度缓慢。即使部分管网已铺设完成，但因未能贯通，目前还不具备供水条件。经初步统计，现有 43 处管网尚未连通，其中外环辅道 24 处，南运河南北路 9 处，快速路 7 处，纪庄子系统内 3 处。

天津中心地区再生水用水结构为工业 20%、景观 15%、市政杂用 65%，因此，在工业及景观回用方向上再生水未得到充分利用是造成天津市再生水用量少、再生水利用率低的主要原因之一。

工业用水（尤其是工业循环冷却用水）具有用水量大、用水稳定等优点，是尽快提高再生水使用量的有效途径，但是由于鼓励政策不完善等方面的原因，对再生水需求量大的工业用户较少，因此工业再生水用水量只占总用水量的 20%。

天津中心城区二级河道均与海河连通，而海河具有备用水源功能，因此再生水不能进入二级河道，导致天津景观水体再生水利用量较少，仅占总用水量的15%。由于缺乏相应的鼓励政策，目前电厂等工业低质用水还是采用河水等水源，受到水系连通及水环境功能等原因限制，再生水不能补充二级河道，只能小范围用于小区水景。因此，配套鼓励政策不完善也在很大程度上制约了再生水在更大范围内的有效利用。

目前，天津市中心城区再生水主要回用于居民生活杂用，占再生水总用水量的65%，生活杂用水具有用水分散、用量少、水质要求高、依赖管网输水等特点。居民生活杂用再生水的输送需要铺设完善的再生水管网系统，但大多数道路在建设时未考虑再生水管道位置，实际建设难度较大。因此，有些再生水厂虽已具备供水条件，但由于管网建设滞后，目前还不能对外供水。

5.6　河流生态

5.6.1　概述

在我国许多城市，景观河流缺少补给水源，部分城市景观河流在枯水期存在断流问题，影响了城市景观生态系统的安全性。污水处理厂尾水作为河流补给水可有效改善城市水环境质量，提高水体环境容量，同时，因其成本低、水质改善程度明显，越来越多的生态修复工程采用再生水作为河流补水。再生水中含有消毒物质，补给过程中仍与水体中的物质发生化学反应，导致再生水的水质不断发生变化。

与淡水资源相比，再生水仍含有一定量的氮、磷、盐、重金属和有机物等污染物。所以在利用再生水大量补充城市河湖水体时，必然会引起河湖水体水质和水量的显著变化。一方面，再生水中含有的大量 N、P 等营养盐分，极易产生水华现象，造成再生水回用区水体的富营养化，使回用区的水体环境及水生态系统面临一定的污染风险。另一方面，再生水回用于生态河道后，经河床渗滤后将参与到地下水循环过程中，在这一过程中，再生水水质将直接影响到地下水水质情况和含水层状态。再生水回灌地下水后，其中携带的残余污染物可能给地下水环境带来污染风险。与地表水相比，地下水环境被污染后，地下水水质恢复费用高、恢复周期长，地下水污染治理难度大。因此，再生水的安全回用是值得关注的重要科学问题。

5.6.2　水质要求

城市河湖水体补给单一、流动性差且自净能力较弱，使再生水补给水源成为城市河湖水体的潜在污染源。因此，与天然河流、湖泊相比较，利用再生水回补的景观水体更容易产生富营养化等问题。我国再生水回用的现行水质标准中，氮和磷浓度值的规定偏高，再生水补给河湖的同时可能向河湖中带入 COD_{Cr}、SS、氮和磷等污染物，不仅可能造成河湖水体浑浊，而且会使河湖水体中营养盐浓度增加。城市河湖通常比较浅，河底沉积物容易受到外力作用的干扰，因此，沉积物能够参与水体中营养盐的再生、分布和循环过程，污染物在沉积物中容易产生累积效应，这就为河湖水体的富营养化提供了物质基础和有利条件。

再生水回补河湖后，河湖渗漏成为地下水的重要补水来源。地表水渗滤同时会对地下水的水量和水质产生影响。近年来渗漏地表水及其携带的污染物对地下水环境造成的潜在污染风险引起广泛的关注，再生水人工回灌也会导致地下水的其他水质指标变差，大肠杆菌、病毒和重金属离子含量在一定程度上增加。另外，再生水回补还会引起地下水在温度、含氧量和氮的同位素含量等方面的变化，可以利用这些指标可能对地下水中相关污染物的迁移过程进行一定的分析。目前，国内关于再生水回补河湖条件下污染物的迁移规律及其对地下水水质影响的研究还不多（潘伟艳，2017）。

通常情况下，再生水回补河湖后，河湖岸底的土层可作为一个有效的渗滤系统，对再生水可起到进一步净化的作用。再生水中的污染物在河岸渗滤中可发生物理、化学和生物等多种反应，从而得到部分去除。河岸渗滤系统是一个自然净化过程，其处理效率受诸多因素影响，包括氧化还原条件、水力条件、温度和水质等。美国、德国和捷克等国对河岸渗滤系统的研究和应用起步较早，实践与研究表明，河岸渗滤系统对污水的净化受到越来越多的国家与学者的关注。再生水回用于景观河道在我国起步较晚，关于河岸渗滤系统对回补用再生水的净化效果的研究还处于初级阶段。

5.6.3 案例分析

柳川河是河北张家口市宣化区内的一条重要河流，隶属洋河分支。柳川河流域面积 $482.2km^2$，全长 60.2km，平均坡度 6.4‰，由北向南流入宣化区后绕城折西转南汇入洋河，自上游至下游分别为三期河道、一期河道、二期河道。柳川河属于季节性河流，具有行洪时间短、洪峰流量大等特点，河道内径流时间为同年 6~9 月，一般年份洪水次数为 2~3 次。羊坊污水处理厂地处宣化区东南角，设计规模为近期日处理污水 12 万 t，远期日处理污水 18 万 t。羊坊污水处理厂现状每天生产约 10 万 t 再生水，经工艺改造后出水水质提高到了一级 A 标准，但是再生水的回用程度十分有限，仅有少量用作热电厂冷却用水，其余直接排入洋河，开发与利用空间巨大。柳川河综合治理工程拟将羊坊污水处理厂处理后的再生水引入柳川河，阶段性实现水环境修复和景观再造。目前，柳川河综合治理工程一期工程已经竣工，整个河道采用橡胶坝、溢流堰等挡水措施，并配合混凝土与复合土工膜防渗，使柳川河城区段的防洪标准提高到了 50 年一遇的水平，社会效益显著。在进行二期、三期柳川河综合治理过程中，由于河道高差较大的客观原因，导致再生水回用需借助泵站进行提升，但是泵站的运行需要花费大量费用，如何合理规划再生水回用路径、选定泵站数量及位置关系着整个工程的经济效益，现实意义不言而喻。再生水回用路径总体规划考虑到河道上下游高差较大，拟采用分区供水的方式实现再生水的提升与输送。选用分区供水模式，可以有效避免下游管道内水压过高的问题，在节约能耗的同时也可以节约管材造价。

在上述再生水输送方案中，首先对加压泵站 I 及其附属管道进行施工，为柳川河一期河道和二期河道供水；然后对加压泵站 II 以及附属管道进行施工，为柳川河三期河道供水。其中，加压泵站 I 直接从污水厂退水渠中取水，加压泵站 II 从一期河道中取水，两座泵站呈串联形式。除向柳川河正常供水外，同时考虑利用再生水为城市绿地灌溉、道路清洗以及洗车用水等提供水源，将再生水的社会效益最大化。柳川河一、二期河道两侧绿地可从加压泵站 I 附属管道沿线预留取水口直接取水，柳川河三期河道两侧绿地可通过便携式取水泵从河道内取水，加压泵站 II 附属管道沿线不另设预留取水口。

这个案例给我们带来的启示有以下三点。

（1）针对柳川河一、二、三期河道高差较大的客观条件，选定串联分区的模式进行再生水输送，既降低了下游管道的管内压力，又节约了整体运行能耗。

（2）将再生水同时应用于景观、市政等多个领域，使再生水的社会效益实现最大化。

（3）充分利用现状地形，采用自流方式进行加压泵站 I 中的吸水井设计，有效降低泵站的后期运行费用。

5.7　地下水回灌

5.7.1　概述

根据《全国地下水污染防治规划（2011—2020 年)》，我国北方地区 65% 的生活用水、50% 的工业用水和 33% 的农业灌溉用水均来自地下水。在全国的 657

个城市中，约有 400 个城市依赖地下水作为饮用水源。从以上数据可以看出，地下水成为影响和制约城市发展的一个重要因素。华北平原是我国的政治中心和经济发达地区，1970 年后开始出现局部超采状况，随着工农业生产的快速发展及人口的增多，华北平原地下水的供需矛盾日益突出。到 2004 年，华北平原浅层地下水及深层地下水的总超采面积分别达到 6.0 万 km² 和 5.6 万 km²，形成了十多个较为大型的浅层地下水漏斗，沧州地区为大型深层漏斗，其中心水位埋深值达 96m。过度开采地下水会导致地下水位大幅下降，形成大面积漏斗区，严重破坏了地面生态系统和地下饮用水层。

地下水回灌是将城市二级处理后的污水再经深度处理，达到一定水质标准后回灌于地下，水在流经一定距离后同原水源一起作为新的水源被开发利用。地下水回灌既可以阻止因过量开采地下水而造成的地面沉降，又可以保护沿海含水层中的淡水，防止海水入侵，还能利用土壤自净作用和水体的运移提高回用水水质，直接向工业和生活杂用水厂持续供水。在国内外均开展了大量的地下水回灌的实践工程。

国外早在 18 世纪末 19 世纪初就展开了对地下水人工回灌的研究，研究涉及了许多方面，主要包括回灌方式、回灌水源、回灌技术、回灌水质和如何处理回灌引起的堵塞等问题。法国早在 1821 年，在图卢兹市利用堤坝将岸边淹没来补给地下水。Pyne 在 1989 年提出"含水层储存和回用" （aquifer storage and recovery，ASR）这一新概念，美国在此之后在佐治亚和密歇根等州开展地下水回灌试验，致力于推进含水层储存和回用工程的发展。现在含水层储存和回用技术在国际上应用广泛，美国无疑是这项技术的领头者，加利福尼亚州从 20 世纪 60 年代以来大力提倡污水资源化，在橙县 （Orange County） 地区建立了 21 个水厂，城市污水处理厂二级出水后，将深井水与再生水的混合水作为水源，以深井回灌方式注入深层地下含水层中，从而补给地下水资源并阻止海水倒灌。亚利桑那州也在 70 年代末开始开发可再生水，实施再生水回灌工程，回灌水普遍用于景观灌溉。

除了美国，荷兰和以色列也是含水层储存和回用技术发展和应用的领先国家，荷兰 50 年前就在阿姆斯特丹沙丘地区开始了人工回灌试验，阿姆斯特丹供水公司利用回灌技术，以莱茵河的河水作为回灌水源，回灌到砂质含水层中，经过土壤和含水层的净化后取水，不仅给首都提供了 75% 的饮用水，而且阻止了海水入侵。以色列的地下水人工回灌方式以渗透池和管井回渗为主，洪水期利用蓄水池储水，经过沉淀后，利用渗水池渗入砂岩含水层和灰岩含水层中。以色列建立的达恩地区 （Dan Region） 污水再生工程位于特拉维夫的南部，将再生水经过处理后利用回灌池回灌，然后再抽取回灌水和地下水的混合水作为非饮用水回用。以色列在管井回灌的补给设施、井的淤堵防治、补给能力、回灌水量和水质等方面也有深入的研究。德国是利用雨水收集和回灌技术最先进的国家，而且对于雨水的收集、利用有明确的法律强制规定。柏林的地表水为地下水提供回灌水源，通过哈弗尔（Havel）河和施普雷（Spree）河入渗到地下，停留2个月后抽取作为饮用水。科威特为解决水资源面临的缺少天然降水和地下水位降低这两个重要问题，将冬季生产过量的淡水，利用回灌技术储存到含水层中，供夏季饮用；并在苏莱比亚赫（Sulaibiyah）场地建立入渗池实验区，经过污水处理后，将再生水回灌至含水层，供给灌溉。

发展中国家如印度和纳米比亚也相继发展和利用地下水回灌技术。纳米比亚的 Mategu 等（2019）对奥马鲁鲁（Omaruru）三角洲的供水系统进行研究，探究了地下水补给和排放的水文地质特征。印度的 Limaye（2004）在西印度的半干旱基岩地区，建立试验入渗田，利用构筑地下坝、挖蓄水坑塘、设立回灌井和坑道等各种回灌方式来蓄留雨水，用以人工回灌。此外，芬兰、加拿大、约旦、摩洛哥等国家也在各自发展地下水人工回灌技术。

我国的地下水人工回灌起步相对较晚，最初是上海在1965年为了控制地面沉降，采用深井回灌的方式引黄浦江水，向含水层回灌来补给水资源，有效地解决了地面沉降的问题，地下水位也得到了普遍回升，并在实际回灌中，总结出采用定期回扬来清除回灌井中暂时性堵塞的经验；同时对地下水动力场、化学场和温度场进行研究，为我国的回灌工程提供宝贵经验。北京市从1965年开始就在永定河冲洪积扇地区，采用多种回灌方法进行回灌试验。以工业废水、雨季洪水、冬季河道基流等作为水源，回灌方式选择旧河道、平原水库、废弃砂石坑和深井等进行回灌实验，实验结果得出只要对水源经过一定处理，利用旧河道和平原水库进行地下水人工回灌是可行的，当回灌水质优于当地地下水，可以改善地下水水质。1984年在潮白河冲积扇地区利用河道和入渗盆地进行人工回灌，每年的入渗量可达40亿～80亿 m³，到1990年潮白河地区的水位上升了2～3m。滕明柱和李素丽（1996）利用地表入渗的方式（如坑塘、渠道、小水库和灌溉）在河北获鹿县（现鹿泉市）进行浅层地下水人工回灌试验研究，分析得出回灌年的平均补给模数为 10.3 万 m³/(km²·a)。天津市塘沽区自1981年一方面减少对地下水的开采，另一方面利用深井回灌保护地下热水资源，不仅有效地缓解了地下热水资源的不足，而且使塘沽区的平均沉降量从1986年的54mm减少到了46mm。河北省藁城区从1973年秋开始，为保证遇旱有水，控制地下水位下降，提出了人工补给地下水的设想，并在1973年年底引石津渠余水回灌东部滹沱河古河滩，1974年年底建立了"汪洋沟系统"和"滹沱河故道系统"两个回灌区；在藁城地理研究所的帮助下，结合回灌，开展了回灌科研活动，重点研究回灌水入渗途径的不同形式之间入渗能力，以及回灌水补给地下水之后的各种地下水动态的分析研究，取得了明显的地下水回升效果，为藁城回灌工作的进行打下良好的基础（李维静，2005）。

除此之外，杭州、西安、石家庄、沈阳、哈尔滨、济南和济宁等城市一直在进行地下水回灌工程的研究，即使是青海也已经开展人工回灌试验研究：马兴华等（2011）在西纳川河谷区，采用现场坑灌和井灌的方法，通过回灌量衰减与渗透系数的变化，进一步分析回灌效果，得出较井灌而言，坑灌更适用于在河谷平原区的大规模人工回灌中的结论。

尽管地下水人工回灌在理论、方法、技术和应用等方面的研究都有新的突破和发展，但是与实际的工程需要相比，依然存在一定的问题。

1. 地下水人工回灌理论和方式研究不足

目前已经积累了对地下水回灌机理研究的一定认识，但由于地下水动力场、化学场和温度场的问题相对较复杂，因此并没有一个公认的计算方法，多数是根据经验来计算。许多学者经过深入研究地下水人工回灌方式，总结出系统的方式，然而这些研究成果在实用性、管理方法和经济效益上与实际生产还有一定程度的脱离。因此，在实践中，应当加强回灌理论的研究和回灌方式的实用性探索。

2. 关于回灌井防淤堵技术的工程实践有限

利用回灌井进行人工回灌，防止回灌井堵塞是关键，它将直接影响回灌量和回灌效率。回灌井堵塞主要有物理、化学和生物原因，针对不同的堵塞成因，国外学者积累了许多宝贵的研究经验和处理办法，其中以美国和荷兰的研究较为先进（杜新强等，2009）。我国对回灌过程中的淤塞问题也进行过一些试验研究，在补给效率和岩土层净水机理等方面获得一定的认知，但针对堵塞理论进行的实践研究很少。

3. 地下水回灌未成规模

虽然利用地下水人工回灌能实现补充地下水资源、防止地面沉降和阻止海水入侵等目的，但因为不同地方的地质、水文地质条件、水源条件等不同且相对复杂，回灌技术和方法需要根据各地的实际状况量身制定。有的地方回灌成本过高，同时方法和技术等因素限制，也导致人工回灌在我国不能形成规模。

4. 回灌模型有待进一步深入

尽管利用地下水回灌数值模型可以预测回灌效果，能定量计算回灌量和回灌效率，但基础资料的不完整性、水文地质条件的不确定性都将影响回灌数值模型的精度。实际的水文地质条件远比模型中给定的条件复杂得多，因此在有限的数据资料下，深入分析和合理概化水文地质条件，建立符合实际的回灌数值模型，是研究的另一个重要问题。

5.7.2 水质要求

污水回灌地下对水质要求很高，回灌前须经生物处理（包括硝化与脱氮），还必须有效去除有毒有机物与重金属，必须使回灌的地下水水质满足一定的要求，主要控制参数有微生物量、总无机物量、重金属难降解有机物等。地下水回灌水质要求因回灌地区水文地质条件、回灌方式、回用途径不同而有所不同。发达国家和发展中国家由于经济条件、公众健康水平及社会政治因素的限制及差异，所制定的回用水标准也不尽相同。

美国国家环境保护局 1992 年规定，回灌于地下水含水层上的回用水通过地下水位线以上地层渗透之后的水质要适合饮用水标准，经过饮用水层后水质要满足美国一级和二级饮用水标准；佛罗里达州规定，直接注入地下水、注入快滤盆地或地质水文条件不好地区的回用水都要达到美国一级和二级饮用水标准。由此可见，地下回灌的回用水质标准较高，应重点限制重金属等微量污染物对地下水的影响，同时也应考虑常规有机污染和生物污染的限值，应对全部的污染指标进行限定而且指标值要严格。二级处理水只有经过超深度处理才能满足上述要求。我国的标准为《城市污水再生利用　地下水回灌水质》（GB/T 19772—2005），如表 5-5 所示。

表 5-5　城市污水再生水地下水回灌基本控制项目及限制

	基本控制项目	单位	地表回灌 *	井灌
1	色度	稀释倍数	30	15
2	浊度	NTU	10	5
3	pH	—	6.5 ~ 8.5	6.5 ~ 8.5
4	总硬度（以 $CaCO_3$ 计）	mg/L	450	450
5	溶解性总固体	mg/L	1000	1000
6	硫酸盐	mg/L	250	250
7	氯化物	mg/L	250	250
8	挥发酚类（以苯酚计）	mg/L	0.5	0.002
9	阴离子表面活性剂	mg/L	0.3	0.3

	基本控制项目	单位	地表回灌*	井灌
10	化学需氧量（COD）	mg/L	40	15
11	五日生化需氧量（BOD$_5$）	mg/L	10	4
12	硝酸盐（以 N 计）	mg/L	15	15
13	亚硝酸盐（以 N 计）	mg/L	0.02	0.02
14	氨氮（以 N 计）	mg/L	1.0	0.2
15	总磷（以 P 计）	mg/L	1.0	1.0
16	动植物油	mg/L	0.5	0.05
17	石油类	mg/L	0.5	0.05
18	氰化物	mg/L	0.05	0.05
19	硫化物	mg/L	0.2	0.2
20	氟化物	mg/L	1.0	1.0
21	粪大肠杆菌群数	个/L	1000	3

* 表层粘性土厚度不宜小于 1m，若小于 1m 按井灌要求执行。

新兴污染物、病原菌和总溶解固体和重金属的超标是回灌地下水的主要问题，它们所带来的影响有以下三个方面。

1）新兴污染物

随着监测技术的提高，再生水灌溉下污染物的地下水污染风险开始受到关注。国外从 20 世纪 90 年代末开始关注新兴污染物对环境的污染，这一问题也渐渐引起我国的重视。美国加利福尼亚州公共卫生署从 2003 年要求在再生水利用工程的第一年必须检测新兴污染物，同时在长期再生水利用样地设置地下水监测井，进行长期定位监测。新兴污染物种类繁多，有些污染物去除速率较慢，可以在土壤中长期残留，对地下水体存在潜在威胁。地下水相关研究表明，再生污水中除含有目前已确认的乙烯二胺四醋酸二钠、三乙酸基氨、烷基酚类和乙氧基盐等外，还有大量不知性质和数量的有机物，这些有机污染物在灌溉过程中易转移到地下水系中，导致地下水体的污染。

2）病原菌

再生水中含有多种病原微生物，除会在空气中传播造成直接的健康风险外，再生水中的这些病原菌也可能到达地下水，威胁饮水安全。在加利福尼亚州的再生水地下水回灌工程中，病原微生物是其首要关注的对象，典型的监测指标如总大肠杆菌并不能有效代表其整体的风险。

3）总溶解固体

回灌系统的堵塞与多种因素密切相关，主要影响因素包括回灌水质量、入渗水头、入渗介质的矿物组成及颗粒物组成等，通常根据堵塞的成因可分为物理堵塞、化学堵塞与生物堵塞。物理堵塞是回灌区发生的最为主要的堵塞方式，其中颗粒物堵塞是物理堵塞中最常见的情况。造成堵塞的颗粒物一方面来自于回灌水中携带的悬浮颗粒物，另一方面来自于在水流水动力或水化学作用影响下含水层内部产生的固体颗粒。目前对于物理堵塞的研究多集中于大粒径的悬浮颗粒物，悬浮颗粒物粒径较大，受重力作用会发生物理沉淀，这种称为物理沉淀作用；当悬浮于水中的颗粒物直径大于入渗介质孔隙直径时，悬浮颗粒就会与孔隙壁发生碰撞并被滤除，这种作用称为过滤作用，主要发生在入渗层的表面，也有可能发生在入渗区内部，这种现象的发生与渗滤介质的特征与类型、颗粒物大小、水流物理化学性质及入渗时间等有关。悬浮颗粒物通过过滤作用与物理沉淀作用，聚集在入渗区表面，形成表面微堵，并且随着入渗时间的增加形成厚厚的表面淤积层，河道沉积物层的形成机理便是如此。另一种发生在地表回灌系统的物理堵塞方式为压密堵塞，一般与入渗水头、水力坡度等有关；当入渗介质表面发生颗粒物沉积时，介质表面的入渗能力会相对降低，如果在这种情况下不适当地增大水头提高水位，会造成沉积层被压实，导致入渗能力降低。

5.7.3 回补形式

国内外通常将人工回灌方式分为漫灌（地面入渗法）、注水井（地下灌注法）和河道回补（诱补给法）。

1）漫灌

漫灌是将引来的水分散到入渗盆地、古河道、沟渠、坑塘等地表设施，蓄积一定水层，水直接经过包气带垂直渗透补给地下水。漫灌的特点是入渗面积大，不需较大量工程设施，投资小、效果好，但要求地面坡度平缓、表面土壤的透水性要强、地下水位等幅升高。通常是在作物生长的不同时期采用淹灌、漫灌和超定额灌溉等不同灌水方式进行。

2）注水井

注水井回补是针对含水层上部覆有弱透水层，地表水入渗受阻区域，为了补给潜水或向深部承压含水层补充水，利用机井、砖井、坑套竖井等直接注入地下含水层。这种办法比地面入渗法速度快，占地少，但有井壁易淤塞、投资较大等缺点。地下灌注法包括自流回灌、真空回灌和压力回灌。

3）河道回补

诱导补给法又称间接人工回灌，利用现有或新开挖的渠、沟网系，引入各种地面水和灌溉雨水，使水沿沟、渠渗入地下。其目的是使渗入水量首先在沟、渠线形成水峰，然后自沟、渠向两侧扩散。在华北平原的一些地区，利用自然河道和排水沟，渠建闸拦蓄天然降水和地面径流，取得了补给地下水的良好效果。

再生水经人工回灌后与地下水及含水介质之间的相互作用、相互影响是多方面的。一方面，由于含水介质对污染物有很好的去除作用，人工回灌一般都会使再生水的水质在一定程度上得到改善。另一方面，由于新污染源的引入，再生水人工回灌往往会使地下水的水质变差，甚至会对地下水的安全造成威胁。一般情况下，再生水人工回灌不会对深层地下水构成太大的污染威胁，但对浅层地下水来说却存在着很高的污染风险，因此降低人工回灌所引起的地下水污染风险对再生水的可持续利用十分重要。有关研究表明，再生水人工回灌对浅层地下水污染威胁最大的是氨氮和硝酸盐。

5.7.4　案例分析

长江冲积平原的水文地质结构具有含水量大、孔隙较大及压缩性大等特性。随着城市的快速发展，受高层建筑等城市工程建设以及地下水开采等诸多因素影响，地面沉降是上海面临的主要地质灾害，地下水人工回灌是控制地面沉降的有效手段。上海目前以直接地下回灌为主要修复手段。城市污水厂出水经深度处理后用于地下水回灌，将地下含水层作为储水池，利用地下流场实现回用水的异地取用。在回灌前，污水处理厂二级处理出水需经深度处理，达到饮用水水质标准。

下面是上海市某污水处理厂地下水回灌案例，从回灌水质要求、水质现状与处理工艺、回灌井布局、深度处理设施占地问题这几个方面对其进行分析（朱慧峰和顾慧人，2005）。

1）回灌水质要求

为防止地下水污染，提供清洁水链，地下回灌水质必须满足一定的要求，主要控制参数为微生物、总无机物量、重金属、难降解有机物等。美国在1976年公布了污水回灌地下水的第一个水质标准草案，要求回灌污水在经过二级处理后必须再经过滤、消毒和活性炭吸附等深度处理，在回用前必须在地下停留6个月以上。水的注入点离地下水位至少3m，抽水点离注入点水平距离至少150m，抽取水中的回灌水所占比例不能超过50%。要求回灌点 COD_{Mn} <5.0mg/L、TOC<3.0mg/L、硝酸盐<45mg/L、总氮<10mg/L、大肠杆菌<2.2个/100mL、氨氮<1mg/L。

美国国家环境保护局在1992年针对水资源回用制定了专门的技术手册，手册中规定：

（1）对回灌到非饮用水水源的回灌区水质，最基本的要求是污水经过二级生物处理，并经过滤和消毒，以免堵塞。

（2）对回灌到饮用水水源的回灌区内水质，最基本要求是满足饮用水水质标准，同时对 pH、浊度、粪大肠杆菌、余氯也作出了明确规定。

我国目前尚没有具体的地下回灌水质标准。

2）水质现状与处理工艺

上海地区承压水化学组分比较简单，主要阴离子为 HCO_3^-、Cl^-，主要阳离子为 Na^+、Ca^{2+}、Mg^{2+}，一般无 CO_3^{2-}、NO_3^-，基本未受污染。除矿化度、氯化物外，水质普遍优于取用地表水水源的自来水，其中以第四含水层的地下水水质最优。参照欧盟标准，除部分地下水铁、锰、色度、浊度、氯化物等个别指标超标外，其余均达标，部分地下水的水质还达到了国家天然矿泉水标准。因此为保护优质地下水资源，要求地下回灌水质必须达到饮用水卫生标准。

目前，就上海地区污水处理设备比较先进的闵行水质净化厂而言，与《生活饮用水卫生标准》比较，其二级处理出水的水质除重金属指标外，其余均超标。

同济大学针对上海 2010 年地下水回灌量必须达到 2500 万 m^3/a 的要求，积极开展了城市污水厂出水经深度处理后用于地下水回灌的工程性研究。经过技术方案的比选，推荐采用 MBR 深度处理工艺。工艺流程见下：

该工艺技术先进、处理效果稳定，出水水质不仅满足自来水的四项常规指标，而且 COD_{Mn}<5.0mg/L，NH_3-N<0.2mg/L，SS<1mg/L。运行费用<1.65 元$/m^3$，与采用自来水直接回灌的运行费用（1.40 元$/m^3$）基本持平。随着自来水水价的调整以及膜组件成本的降低，城市污水厂出水经深度处理后用于地下水回灌的经济效益、环境效益和社会效益将日益突出。

3）回灌井布局

上海的水质净化厂一般分布在内环线以外（除曲阳水质净化厂外），而回灌井布局以内环线内为主，水质净化厂附近不一定设有回灌井，因此若采用城市污水地下回灌方案，必须投入一定的建设资金，建设泵站和输配管网，或者在水质净化厂内打专用回灌井，一次性投资数目较大。

4）深度处理设施占地问题

由于回灌井布点位置基本集中于中心城区，但中心城区内的污水处理厂普遍存在占地面积较小、设施布局比较局促等问题，若要在此区域内再设置地下水回灌专用井以及深度处理设施，除了会破坏现有的绿化和园林、降低绿化覆盖率以外，还将影响整个污水处理厂的工艺布局，故有待进一步研究探讨。

第6章 水回用规划

6.1 法律与体制

6.1.1 我国城市污水处理回用政策法规与管理制度建设现状

总体来看，我国目前并未形成全面指导城市污水处理回用的管理制度体系，仅在涉及城市污水处理回用的政策法规中以相对独立的条文形式得到体现，现有的条文内容主要包括设施建设管理、设施运营管理、监督管理、计量收费与水价等方面。

1. 设施建设管理制度

据不完全统计，中央与地方政府共有 70 部政策法规的相关条文对城市污水处理回用设施建设管理进行了规范，明确设施建设管理主体，要求城市污水处理回用管网设施要与再生水厂配套建设，提出建筑工程应配套城市污水处理回用设施，其中 20 部政策法规专门针对城市污水处理回用，如《城市中水设施管理暂行办法》（建城〔1995〕713 号）明确城市污水处理回用设施建设与管理归建设部门；《北京市排水和再生水管理办法》明确提出"公共排水管网覆盖范围以外地区，新建、改建、扩建建设工程达到规模要求的，建设单位应当按照有关规定建设污水处理和再生水设施"。

2. 设施运营管理制度

据不完全统计，全国仅有北京、昆明、宁波出台了专门针对城市污水处理回用的政策，明确提出年度运营养护计划管理制度、运营情况报告制度、突发事件应急管理制度等，如《北京市排水和再生水设施运营管理办法（草案）》要求建立年度运营养护计划管理制度，规定运营单位应在上年度末制订下一年度运营养护计划，并报同级水行政主管部门审查，审查通过后报同级财政部门申请运营养护资金；建立运营情况报告制度，要求常规运营报告实行月统月报制度；建立突发事件应急管理制度，要求运营单位应制定排水和再生水设施突发事件应急预案，建立应急物资储备，组织应急演练。此外，宁波、昆明也建立了突发事件应急管理制度。

3. 监督管理制度

据不完全统计，中央与地方政府共有 6 部专门针对城市污水处理回用的政策法规对城市污水处理回用监督管理进行规范，明确了城市污水处理回用监管主体，要求建立再生水水质监测制度。《北京市排水和再生水管理办法》规定水行政主管部门负责城市污水处理回用水质、水量的监管；《北京市排水和再生水设施运营管理办法（草案)》提出再生水日常检测由运营单位负责，第三方监测由水行政主管部门委托具有资质的检测部门执行，同时还要求建立再生水水质监测制度，提出建立水质水量监测体系与在线监测系统。

4. 计量收费与水价制度

据不完全统计，中央与地方政府共有 45 部政策法规的相关条文针对再生水有偿使用、计量收费、再生水水价标准、再生水价格政策、再生水价格形成机制、价格联动机制、成本补偿与价格激励机制等方面进行规定，其中 7 部为专门针对城市污水处理回用的政策法规。在国家层面，《建设部关于落实<国务院关于印发节能减排综合性工作方案的通知>的实施方案》要求各方配合国家发展改革委等部门制定再生水开发利用支持性价格政策。在地方层面，四川省与宁波、昆明两市分别出台条例以明确再生水实行计量收费制度；《北京市排水和再生水管理办法》明确了再生水价格由市价格行政主管部门及有关部门制定并公布，并要求当再生水价格无法弥补供水成本时，公共财政应当建立成本补贴机制。

6.1.2 加强城市污水处理回用开发与管理建议

为破解制约城市污水处理回用开发与管理的问题，对加强城市污水处理回用开发与管理提出如下建议。

1. 将再生水纳入区域水资源统一配置和监管体系

再生水作为城市供水的补充水源，应与地表水、地下水、外调水共同纳入区域水资源管理统一配置与监管体系中。不仅要将城市污水回用工程纳入水资源配置工程体系，而且在水资源论证和取水许可审批时，应优先考虑再生水源；当再生水水量、水质满足用水需求时，优先使用再生水；将城市污水处理回用率作为重要考核指标，应成为用水效率控制红线的重要管理手段。

2. 积极组织开展城市污水处理回用规划

在国家层面，有关部门应积极开展城市污水处理回用规划的编制，地方各级行政主管部门应组织编制城市水处理回用规划，该规划应服从水资源综合规划和城市总体规划，并与土地利用规划、环境保护规划、城市供水规划、城市排水与污水处理规划等相衔接。

3. 积极争取各级财政投入，建立多元化投融资机制

坚持政府引导、市场为主、公众参与的原则，建立多层次多渠道、多元化的城市污水处理回用设施建设投融资机制。对于公益性较强的管网建设以及纯公益性的再生水厂的建设，以公共财政投入为主；对于具有经营性的再生水厂建设，应坚持"谁投资、谁受益"，鼓励引导国内外具有先进技术、资金实力和管理经验的投资者以独资、合资等多种方式参与城市污水处理回用设施的建设，逐步形成政府主导、社会筹资、市场运行、企业开发的良性运行机制，充分发挥市场机制在城市污水处理回用设施建设与运行维护中的作用。

4. 健全城市污水处理回用政策法规

国家有关部门应在现行法律法规的基础上，制定颁布城市污水处理回用的行管法规文件，尽快出台《城市污水回用条例》，制定《城市污水处理费征收和使用管理办法》《再生水价格管理办法》等，逐步将城市污水处理回用工作纳入法制化轨道中来。

城市污水处理回用的社会效益和环境效益相比经济效益更为显著，如果缺乏金融、财政、税收优惠扶持政策，再生水生产经营企业受再生水价格偏低的限制，将难以良性运行。

5. 加强再生水使用的安全监管，确保再生水使用安全

再生水的安全监管是再生水使用过程中的一个薄弱环节，尽管目前国家出台一些标准来管理再生水的安全，但在市场规范使用方面还有很多漏洞，这也影响了再生水的推广使用。各级水行政主管部门应加强对城市污水处理回用设施，尤其是公共建筑和居民小区配套污水处理回用设施的监管，加强对再生水水质监测与监督，确保再生水使用安全。

6.2 方案编制

1) 确定编制依据及原则

首先根据水回用项目的目的确定所需要的方案编制依据及原则, 编制依据为《城市污水再生利用 城市杂用水水质标准》(GB/T 18920—2020)、《室外排水设计规范》(GB 50014—2006)、《室外给水设计规范》(GB 50013—2018)、《给水排水设计手册》、《建筑给水排水设计规范》(GBJ 50015—2003 (2009))、《给水排水工程构筑物结构设计规范》(GB 50069—2002)、《给水排水工程管道结构设计规范》(GB 50332—2002)、《城市污水再生利用 分类》(GB/T 18919—2002)、《城市污水再生利用 景观环境用水水质》(GB/T 18921—2019)、《城市污水再生利用 绿地灌溉水质》(GB/T 25499—2010)、《城市污水再生利用 农田灌溉用水水质》(GB 20922—2007)、《城市污水再生利用 工业用水水质》(GB/T 19923—2005)、《城市污水再生利用 地下水回灌水质》(GB/T 19772—2005) 等一系列相关标准。

方案编制过程需要依据以下四项原则。

(1) 技术可靠性原则。确定水回用处理工艺时, 应优先选择技术先进、运行可靠的成熟技术, 以保证处理后水质达到预期的标准。

(2) 经济节省性原则。选择处理工艺时, 在满足使用要求的前提下, 尽量优化工艺, 最大限度地降低工程的基建投资和运行成本。

(3) 远近期结合原则。在方案编制时, 要根据现有情况及远期发展的情况, 来综合分析比较, 适当考虑将来发展的可能性。

(4) 管理方便性原则。在方案设计时, 尽量使用操作简便的控制方式, 便于管理, 以保证操作方便、设备运转安全及劳动强度适中。

2) 确定工程规模以及处理程度

根据相关设计资料, 确定工程规模, 设计进出水质标准。

3) 工艺及建筑设计

再生水回用处理一般包括预处理、主处理及深度处理三个阶段。其中预处理阶段主要有格栅和调节池两个处理单元, 主要作用是去除污水中的固体杂质和均匀水质; 主处理阶段是中水回用处理的关键, 主要作用是去除污水的溶解性有机物; 深度处理阶段主要以消毒处理为主, 保证出水达到再生水标准。再生水回用主要处理技术包括生物处理法、物理化学处理法及膜分离法。其中生物处理法是利用水中微生物吸附、氧化分解污水中的有机物, 包括好氧和厌氧微生物处理, 一般采用多种工艺相结合的办法; 物理化学处理法以混凝沉淀 (气浮) 技术及活性炭吸附相结合为基本方式，提高出水水质，但运行费用较高；膜处理技术一般采用超滤（微滤）或反渗透膜处理，其优点是悬浮物去除率很高、占地面积少等。再生水回用处理为达到最佳的处理效果，一般采用多种工艺相结合的办法。根据水回用用水来源以及用途设计选择最佳工艺。

根据相关标准以及技术要求，进行建筑设计，包括调节池、A_2/O池、二沉池及污泥池、中间水池、回用水池、综合机房等。

4）确定所需设备

依据上述选择的工艺流程，确定实际工程中需要的设备及相应的规格型号和数量。

5）劳动定员

依据设备运行计划，确定相应的操作人员和维护人员。

6）工程经济分析

工程经济分析包括运行成本分析、环境效益分析、社会效益分析等。

6.3 成本与效益分析

以膜处理工艺为例。设计进水量1000t，膜出水为750t，排污250t浓水，根据当地的情况水源的取水费用加上预处理费用后吨水价格大约为4.1元，排污费用大约为0.45元，每年运行时间为300天。整个中水系统工程投资约5200万元。根据系统运行综合分析的电费、人工费、药剂费等日常费用总和为1.498元/t，设备大修费和日常检修费等检修费用之和为0.158元/t。

运行成本=电费+人工费+药剂费+设备大修费+日常检修费+工程排污费=2.11元/t

年运行费用=污水运行总成本×取水规模×运行时间=2214.1万元/t

年化收益=直接取水费-用中水年运行费用=1074.7万元/a

投资回收期=工程总投资/年化收益=4.84年

由此可以看出，中水回用市场前景是相当的乐观，对于水价越高的地区，其经济效益越明显。

6.4 市场评估

水资源总量指降水形成的地表和地下产水量，是当地自产水资源，未包括入境水量。北京市是我国典型的水资源缺乏城市。人均水资源量已从多年前的近300m³，降至100m³左右，是全国人均水资源占有量的1/20，不足世界人均水资源占有量的1/800。北京市水资源量和用水量矛盾突出，每年都有大量的用水缺口（表6-1），需要从外部调入补充，才能保证社会经济生产和生活的用水需求。

表6-1　北京市2002～2011年水资源量和用水缺口 （单位：亿 m^3）

年份	2002	2003	2004	2005	2006	2007	2008	2009	2010	2011
水资源量	14.7	18.4	21.35	23.18	22.07	23.81	34.21	21.84	23.08	26.81
水需求量	34.62	35.8	34.55	34.5	34.3	34.8	35.1	35.5	35.2	36
缺口	19.92	17.4	13.2	11.32	12.23	10.99	0.89	13.66	12.12	9.19

资料来源：根据相关年份《北京市水资源公报》整理

另外，水资源量受降水影响较大，丰水期降水量大，水资源量相对多，枯水期降水少，水资源相对少。另一个影响水资源量的因素是地下水量，每年可开采的地下水量也受降水补给的影响。丰水期可开采地下水多，枯水期可开采地下水少。近年来，为满足快速经济增长和人口增长的用水需求，北京市地下水过度开采，地下水位逐年下降。水资源总量波动较大，且不能满足用水需求，是北京市急需解决的资源问题。

北京市 2010～2020 年供水结构如图 6-1 所示。北京市 2010～2020 年的年供水总量保持在 38 亿 m^3 左右。从供给结构看，地下水占比最大，从 2010～2020 年，地下水供水比例呈现下降的趋势，由 2010 年的 60.18% 下降到 2020 年 33.23%；其次是地表水，占供水总量的 13% 左右。从供给结构变化情况看，地表水受降水影响，上下波动，基本维持在 5 亿 m^3 左右。再生水供给逐年增加，

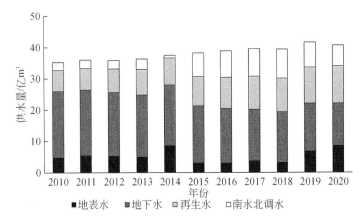

图 6-1　北京市 2010～2020 年供水结构变化情况
根据相关年份《北京市水资源公报》整理

到 2020 年已经达到 12.01 亿 m³，占供水总量的 29.58%。从 2008 年开始，南水北调工程开始送水，2018 年南水北调水供水量达到 9.25 亿 m³，占供水总量的 23.54%。由于再生水和南水北调水的增加，缓解了地下水开采，地下水供给量逐年减少，2010 年地下水供给总量为 21.16 亿 m³，2020 年下降到 13.49 亿 m³。

由图 6-1 可知，北京市供水结构的总体变化趋势是，地表水供给基本不变，再生水和南水北调水逐年增加，地下水供给逐年减少。但是，目前的供给结构中，地下水比例仍然过大，还需要增加再生水的利用比例，进一步减少对地下水的开采，达到保护水资源和改善水环境的目的。

北京市再生水利用量逐年增加，2010 年再生水利用量为 6.8 亿 m³，2019 年达到 11.51 亿 m³（图 6-2）。根据北京市"十二五"期间的规划，将对现有污水处理厂继续进行升级改造，同时要求新建的污水处理厂都是再生水厂。如何评估再生水利用对环境和经济的影响，以及再生水利用政策的环境经济效率是北京市需要解决的问题。

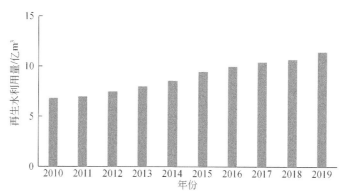

图 6-2　北京市 2010～2019 年再生水利用量变化情况
根据相关年份《北京市水资源公报》整理

6.5　环　境　问　题

6.5.1　对地表水和地下水的影响

污水回用工程，直接保护了地表水和地下水环境，减轻了由于污水蒸发对空气的污染和重复使用水资源对土壤的污染。尉元明研究了城市污水处理厂尾水回用对地下水、地表水的影响，发现在污染物 $CODCr$、BOD_5、SS、NH_3-N 和 TP_{po4} 排放量大量削减的情况下，在洪积扇的前缘，第四纪堆积物有很厚的亚黏土层和黏土层, 其渗透性能很弱, 污染物很难渗入到下部含水层, 尾水回用对地下水无影响; 当尾水回用部分外排时会对地表水造成影响 (尉元明等, 2003)。北京市东南郊再生水灌区再生水河道地表水及地下水均呈弱碱性, 再生水河道地表水的盐分及氮素含量均高于上游天然地表水体。灌区地表水与地下水盐分、氮素含量呈现地表水>潜水>承压水的垂向分布规律, 再生水入渗对地下水质存在潜在威胁 (Laws et al., 2011)。

6.5.2 对土壤和植物的影响

尽管再生水是污水经过一系列净化工艺深化处理的成果, 但由于水处理技术的限制, 再生水中仍含有一定量的污染物和有害物质, 如重金属、有毒有害有机物、致病细菌等 (Watanabe et al., 2010; 刘巍等, 2009)。再生水的应用可能会在土壤和植物中产生不良影响, 直接影响土壤是否适合种植和水资源的可用性, 因此迫切需要开展再生水回用对土壤环境、植物、微生物、人类健康的影响研究, 并开展再生水回用后健康风险评价和风险管理的研究 (马进军, 2008)。龚雪研究了再生水回用对土壤化学性质的影响, 结果表明再生水回用显著提高了土壤有机质和全氮含量, 而对总磷、速效磷、pH、含水量无显著影响。再生水回用在一定程度上会增加土壤肥力, 应根据再生水水质差异, 适量、适度使用, 此外在处理工艺方面, 应进一步优化再生水处理工艺, 使其达到回用标准 (龚雪, 2015)。王继华研究再生水回用对土壤真菌群落结构的影响, 结果表明, 再生水回用使土壤真菌多样性指数和均匀度指数略有降低, 而土壤真菌丰富度指数则呈现升高趋势 (王继华等, 2014)。

6.5.3 对生态系统的影响

环境用水短缺对河湖生态的影响以及河湖环境用水短缺与人们日益增长的水景观需求之间的矛盾是城市水资源管理中亟待解决的重要问题。为了解决上述问题, 人们尝试利用替代水源 (如雨水和再生水) 补给城市地表水体, 维持其基本生态和景观功能 (Bischel et al., 2013; Plumlee et al., 2012)。其中, 再生水以其在水量、水质、成本等方面的综合优势, 被发达国家和发展中国家广泛用于补给城市河流和湖泊 (USEPA, 2012; Chang and Ma, 2012)。从水量和水质看, 再生水以城市污水为原水, 来源和水量相对稳定, 而目前城市污水处理工艺较为成熟, 可以满足不同再生利用途径的水质要求, 随着技术进步, 水质还有进一步改善的空间 (胡洪营等, 2011)。同时, 日益严格的污水排放标准, 如北京市2012

年颁布的《城镇污水处理厂污染物排放标准》在客观上也促进了城市污水再生利用和水质提升。再生水处理工艺的成熟稳定及处理规模的扩大将降低单位处理成本，再加上政府的政策支持，再生水的使用价格也具有一定的优势。因此，在水量型缺水地区，再生水补给河湖环境用水是可行而且必要的技术选择（Zhang et al.，2014）。再生水补给河湖在一定程度上缓解了环境用水的不足，但是由于再生水原水的复杂性以及处理工艺的局限性，再生水中仍然可能含有有毒物质，如内分泌干扰物、药物及个人护理品、农药、含有大量重工业或自然化学多环芳烃等（尹世洋，2018）。再生水中的这些污染物通常处于较低的浓度水平，但其对生态系统的影响不容忽视。

6.6 环境评价

环境评价是环境影响评价和环境质量评价的简称。从广义上来说，环境评价是对环境系统状况的价值评定、判断和提出对策。环境质量评价是确定、预测和解释人为活动对环境质量的影响，也称环境影响分析。环境影响评价指对已经发生和拟议中的人为活动已经和可能造成的环境影响（包括环境污染和生态破坏，也包括对环境的有利影响）进行分析、论证的全过程，并在此基础上提出有效的防治措施和对策。再生水的环境评价应考虑技术可靠性、经济可行性和风险可控性。

6.6.1 技术可靠性

再生水处理技术已日臻成熟，技术原理主要以过滤和接触吸附为主，结合化学、生物等技术，应用中多采用融合了多种技术理论的复合工艺。针对氮、磷等指标的多段活性污泥强化工艺、生物滤池工艺和湿地处理技术已有广泛的应用。随着水质标准不断提高和指标的增多，膜分离技术得到重视，在进行深入研究的过程中，膜产业也不断发展壮大，种类的增多和价格的下降使得膜技术在近年得到了广泛推广。膜技术包括单纯的膜过滤，按过滤介质大小分为微滤（MF）、纳滤（NF）和超滤（UF）过滤工艺，也有与生物技术结合的膜生物反应器（MBR）工艺和反渗透（RO）等高级处理工艺。膜组合处理工艺优势较为明显，不但能满足常规污染物的处理需求，而且在不断增加的衍生污染物指标控制方面表现也较好。

6.6.2 经济可行性

余海静和王献丽（2010）建立了中水水价模型，将中水水价划分为资源水价、工程水价、环境水价和利润，以当地相关水价进行测算，选取水源为当地污水处理厂达标排放尾水，上述分项水价分别占中水水价的 11%、29%、40% 和 20%，证明工程因素和环境因素对水价的影响较大。最终测算水价与现行折算中水水价基本吻合，证明了模型的可用性。在产生实际效益方面，再生水应用于农业灌溉的情况表现较为明显，荣四海和王学超（2012）将农业灌溉过程中的成本、损失和效益进行了详细的分析，成本和损失分为处理成本、盐分处置相关成本和作物种植的机会成本等；效益被分为农产品生产、地下水补充、肥料节省和减轻受纳水体污染等方面，最终加权平均社会净效益为 0.29 元/m³。

6.6.3 风险可控性

再生水利用始终伴随着一定的风险，一般情况下均需对再生水利用项目进行风险评估，提出风险控制对策。评估过程通常包括危险识别、暴露评估、剂量相应评估和风险特性描述四个基本阶段。在目前的再生水质标准和处理技术水平层面上，通过强化水质监管和采用先进技术工艺，风险基本是可控的，再生水回用对生态环境还有一定益处。但再生水利用末端的长期累积效应还未能明确，包括生物体、河流和土地受到再生水长期影响的研究还有待加强，如其对农作物乃至人体的长期影响。

6.7 公 众 参 与

公众（public）狭义上是指直接受影响的个体，广义上是指社会中的每一个分子、成员；公众参与（public participation）是指针对一个特定的事项，公众、厂家与政府机构等不同利益团体之间，在法律所赋予的权利与义务范围内，为达成一致的共识与共同的目标所衍生出一系列的"联系、协调、沟通、妥协"等"双向对话、双向交流"的行为活动与过程。

公众在再生水的发展中扮演着一个至关重要的角色，公众是再生水市场的试金石、是政府和有关部门组织的主要服务对象、是保证再生水得以推广的关键动力。公众参与，即在某项目的规划、施行、验收、监管等过程中都将公众作为主要参与者，将公众认知作为政策评估与管理对策研究重要的一个部分考虑进来，充分重视公众的作用使项目得以最终顺利施行，许多国际性文件都认为在规划管理保护水资源中，公众参与是必不可少的。

参 考 文 献

布林，沃尔，邹珊．2014．生态型景观-人工湿地在水敏型城市中的应用——墨尔本皇家公园人工湿地与雨水收集回用系统．中国园林，30（4）：34-38.

蔡圆圆，刘二中．2012．中国污水处理行业技术发展和创新能力分析．中国高新技术企业，（17）：7-10.

曹家红．2014．铝土矿地下开采中的水害影响与防治途径研究．华东科技学术版，（12）：434.

柴新庚．2022．煤矿矿井水处理方法与综合利用策略分析．山西化工，42（3）：49-51.

陈桂琴，吴斌．2010．天津市再生水回用现状与发展．供水技术，2（4）：61-64.

陈卫平，张炜，潘能．2013．再生水灌溉利用的生态风险研究进展．环境科学，33（12）：4070-4080.

陈晓康，宁培森，丁著明．2015．树脂吸附法处理有机废水的研究进展．热固性树脂，30（6）：55-64.

陈秀荣，张杰，陈旭．2003．污水再生回用方向及其水质标准的探讨．中国给水排水，（19）：92-94.

陈艳，王丽燕，敖自荣．2021．小百户镇利用沼气处理农村废弃物的现状及发展对策．绿色科技，（8）：165-167.

陈竹君，周建斌．2001．污水灌溉在以色列农业中的应用．农业环境保护，20（6）：462-464.

陈卓，胡洪营，吴光学，等．2018．ISO《城镇集中式水回用系统设计指南》国际标准解读．中国土木工程学会．

杜新强，冶雪艳，路莹，等．2009．地下水人工回灌堵塞问题研究进展．地球科学进展，24（9）：973-980.

范冬庆，吴艳红，崔晨曦．2016．国外再生水利用之启示．城市管理与科技，18（6）：76-79.

方景礼．2014．废水处理的实用高级氧化技术 第一部分——各类高级氧化技术的原理、特性和优缺点．电镀与涂饰，33（8）：350-355.

冯宁，苏雷，李亚峰．2016．农村生活污水处理技术与发展趋势．节能，35（8）：53-55，3.

冯尚华，蒋波，张建平，等．2022．含苯胺废水处理技术进展．工业水处理，7：1-24.

冯效毅．2014．工业废水的资源化回用及处理技术概述．污染防治技术，27（8）：14-17.

付汉良，刘晓君，张伟．2015．中水回用现状、问题与对策——以西安市中水回用行业为例．深圳：2015年中国环境科学学会学术年会．

付忠志．2004．昆明市污水资源化研究．重庆：重庆大学．

高艳玲．2012．城市污水处理技术及工艺运行管理．北京：中国建材工业出版社．

龚雪．2015．再生水回用过程中土壤化学性质及微生物的变化规律研究．哈尔滨师范大学．

顾宇．2022．如皋市蚕沙沼气发展现状及推广经验．现代农业科技，(1)：165-167.

郭建，张冠军，马彩凤．2016．再生水补给景观河流用水的方案研究——以通化区柳川河为例．河北建筑工程学院学报，1 (34)：75-77.

国家质量监督检验检疫总局．2002．城市污水再生利用分类．北京：中国标准出版社．

国务院．2013-10-02．城镇排水与污水处理条．http：//www.gov.cn/zwgk/2013-10/16/content_2508045.htm.

郝仲勇，张文理．2001．德国污水治理与污水资源化利用．北京水利，(4)：16-18.

何姝，丁健生，李敬敏，等．2014．国内外城镇污水处理一体化技术研究进展．广东化工，41 (3)：158-159.

侯晓虹，张聪璐．2015．水资源利用与水环境保护工程．北京：中国建材工业出版社．

胡洪营，吴乾元，黄晶晶，等．2011．再生水水质安全评价与保障原理．北京：科学技术出版社．

胡克华．2009．热电厂水资源的综合利用．水处理技术，35 (7)：111-115.

黄占斌，苗战霞，侯利伟，等．2007．再生水灌溉时期和方式对作物生长及品质的影响．农业环境科学学报，(6)：2257-2261.

霍健．2011．北京市中心城再生水发展历程及"十二五"发展规划．水利发展研究，(7)：57-60.

霍书浩．2010．煤矿矿井排水回用于超临界火力发电厂．中国给水排水，26 (22)：77-81.

金兆丰，王建．2001．我国污水回用现状及发展趋势．环境保护，(11)：40-42.

李纯，孙艳艳，申红艳，等．2010．国外再生水回用政策及对我国的启示研究．环境科学与技术，(S2)：626-627.

李厚禹，徐艳，谭璐，等．2022．多介质土壤渗滤系统去除农村污水中典型污染物的研究进展．水资源保护，38 (4)：156-165.

李建光，张晓艳，袁清水．2012．浅议我国循环经济大趋势下的废水资源化．山东化工，41 (4)：121-123，130.

李昆，魏源送，王健行，等．2014．再生水回用的标准比较与技术经济分析．环境科学学报，34 (7)：1635-1653.

李列飞，潘旭东，汪啸．2021．农村生活污水处理经济适用技术探讨．皮革制作与环保科技，2 (22)：160-162.

李维静．2005．藁城市滹沱河傍河带示范区地下水回灌模式研究．北京：中国地质大学（北京）.

李雪双．2010．中水回用技术在工业发展中的现状与应用．河南化工，(20)：15-16.

李媛，王立国．2015．电渗析技术的原理及应用．城镇供水，(5)：16-22.

李卓，孙开智．2013．浅议污水资源再生利用与循环经济．科技视界，(7)：131，135.

刘恒明，马媛，刘靖，等．2012．豆制品废水处理技术综述．广东化工，39 (16)：106-107.

刘璐．2022．北京市再生水利用现状、问题及建议．水利发展研究，22 (5)：83-88.

刘乔木，纪玉琨，姜帅，等．2016．北京市再生水利用现状及问题分析．北京水务，(6)：18-21.

刘巍，刘翔，辛佳，等．2009．再生水地下回灌过程中溶解性有机物的去除研究．农业环境科学学报, 28 (11): 2354-2358.

刘祥举, 李育宏, 于建国. 2011. 我国再生水水质标准的现状分析及建议. 中国给水排水, 27 (24): 23-25.

刘晓君, 付汉良, 孙伟. 2017. 西北干旱缺水城市污水再生利用系统决策优化. 环境工程学报, 11 (1): 211-217.

罗莉涛, 陈珊, 张德猛, 等. 2021. 农药废水资源化处理技术现状及发展趋势. 科技导报, 39 (17): 63-68.

马保军. 2010. 城市中水回用的技术与问题研究. 西安: 长安大学.

马东春, 唐摇影, 于宗绪. 2020. 北京市再生水利用发展对策研究. 西北大学学报 (自然科学版), 50 (5): 779-786.

马进军. 2008. 城市再生水的风险评价与管理. 北京: 清华大学.

马铭婧, 郗凤明, 尹岩, 等. 2022. 碳中和视角下秸秆处置方式对碳源汇的贡献. 应用生态学报, 33 (05): 1331-1339.

马歇尔. 1981. 经济学原理: 上卷. 北京: 商务印书馆.

马兴华, 何长英, 李威, 等. 2011. 河谷区地下水人工回灌试验研究. 干旱区研究, 28 (3): 444-448.

潘成荣, 陈建, 彭书传, 等. 2022. 复合型人工湿地对污水厂尾水的深度处理效果. 中国给水排水, 38 (13): 111-116.

潘伟艳. 2017. 再生水回补河湖条件下污染物的迁移转化机制研究. 北京: 中国农业大学.

潘志伟, 吕志祥, 李擎. 2017. 再生水回用法律保障机制研究——以西北地区为例. 光明日报出版社.

钱茜, 王玉秋. 2003. 我国中水回用现状及对策. 再生资源研究, (1): 27-30.

曲炜. 2011. 城市污水处理回用发展历程与工艺适应性分析. 水利发展研究, 11 (7): 61-65, 92.

曲炜. 2013. 我国污水处理回用发展历程及特点. 中国水利, (23): 50-52.

荣四海, 王学超. 2012. 城市再生水农业利用技术经济分析. 中国农村水利水电, (2): 135-136, 141.

尚云菲, 李若晨. 2022. AB 法在工业污水处理中的应用及研究进展. 山东化工, 51 (1): 296-298.

邵亚军, 谭善涛, 黄金明, 等. 2022. 钢铁企业双膜法中水回用系统的成功改造及运营. 工业水处理, 42 (6): 198-202.

史方方, 李晓辉, 吴继强. 2014. 西安市再生水利用状况及对策研究. 陕西水利, (3): 143-144.

水利部综合事业局非常规水源工程技术研究中心. 2017. 再生水利用安全性、经济性、适应性分析. 北京: 科学出版社.

宋达陆, 王华, 胡爱军. 2005. 城市再生水利用之探讨. 海口: 2005 年全国给水排水技术信息网年会.

宋俊红. 2010. 中水回用技术研究进展. 现代农业科技, 24: 309.

苏明，傅志华，唐在富．2010．部分发达国家水环境保护投融资的比较与借鉴．经济研究参考，(46)：46-59.

谭文捷．2010．油田采出水回用技术研究进展．化工环保，30（6）：501-503.

滕明柱，李素丽．1996．提高农田排灌工程的水资源利用率．河北水利科技，(4)：13-16.

涂传青，马鲁铭，吴国荣，等．2005．洗涤剂废水处理工程实例．给水排水，(4)：56-58.

万炜．2010．中水回用技术的研究现状与应用前景概述．安徽冶金科技职业学院学报，720（3）：46-51.

汪琪．2020．水环境中药物类 PPCPs 的赋存及处理技术进展．净水技术，39（1）：43-51.

王海龙，赵光洲．2007．循环经济对资源环境外部性的作用及问题探．经济问题探索，(2)：22-26.

王继华，刘翔，宋北，等．2014．再生水回用对土壤真菌群落结构的影响研究．黑龙江大学工程学报，5（4）：43-47.

王佳，李雪，潘涛．2013．北京市再生水回用策略分析．给水排水，(39)：208-213.

王嘉欣．2018．油田污水处理工艺的研究进展．化学工程师，(9)：60-62.

王静，王腊春．2005．城市化对水源系统的影响——以南京市为例．四川环境，24（5）：13-16,23.

王农村，张振家，姜义行．2006．PVC 合金超滤膜在油田采出水回用中的应用研究．环境科学与技术，(8)：86-87，105，120.

王鹏飞．2021．农村生活污水处理技术及其研究进展．清洗世界，37（10）：87-88.

王淞民，张春雪，刘丽媛，等．2022．农村生活污水土壤渗滤系统处理技术研究进展．农业资源与环境学报，39（2）：293-304.

王晓昌，金鹏康．2012．浅析再生水工业回用的水质保障问题．工业用水与废水，2（43）：1-5.

尉元明，康凤琴，朱丽霞．2003．干旱地区城市污水回用对地下水和地表水的影响．干旱区资源与环境，(3)：85-89.

魏源送．2018．热电厂中水回用深度处理技术与国内应用进展．水资源保护，34（6）：1-16.

吴国平，杨国胜．2016．长江流域水资源保护法规体系建设与思考．人民长江，(12)：33-36.

吴继强，李晓辉．2020．新时代下西安城市水源建设的对策与建议．陕西水利，(3)：228-232.

吴继强，张纪哲，李晓辉，等．2017．西安市再生水利用现状分析及发展前景探讨．水资源研究，(5)：499-504.

吴志军．2007．特大型露天矿山排水系统研究与应用．现代矿业，23（8）：47-48.

项继聪，张朝阳，朱超．2019．制药废水处理技术分析与研究．中国资源综合利用，37（6）：44-46.

肖健．2008．基于外部性理论的流域水生态补偿机制研究．赣州：江西理工大学.

杨茂钢，赵树旗，王乾勋，等．2013．国外再生水利用进展综述．海河水利，(4)：30-33.

杨扬，胡洪营，陆韵，等．2012．再生水补充饮用水的水质要求及处理工艺发展趋势．给水排水，48（10）：119-122.

易爱文，高江江，吴向阳，等．2016．王家湾油区含油污水除硫新技术研究．内蒙古石油化工，

42 (9)：113-114.

尹军，陈雷，白莉. 2010. 城市污水再生及热能利用技术. 北京：化学工业出版社.

尹世洋. 2018. 北京东南郊再生水灌溉对地下水影响的研究. 北京：中国地质大学（北京）.

余海静，王献丽. 2010. 中水水价模型建立及应用研究. 安徽农业科学，(33)：18938-18941.

曾洋，朱宝玉. 2019. 城市生活污水处理工艺综述. 环境与发展，31 (7)：76，78.

翟晓亮，臧永强. 2019. 再生水在社会生活领域中的应用探讨. 山东水利，252 (11)：24-25.

张佳新，李继清，叶凯华. 2017. 北京市再生（中）水开发利用现状及风险分析. 水资源开发
　　与管理，(11)：12-16.

张金娜. 2006. 回用水灌溉对农作物和土壤的影响及其健康风险评价. 哈尔滨：哈尔滨工业大
　　学.

张梦佳. 2020. 水环境中个人护理品类微量污染物的赋存与去除技术进展. 四川环境，
　　39 (1)：187-194.

张秋菊，王铂铎，崔晨，等. 2011. 西安市再生水回用浅析. 地下水，(2)：95-97.

张炜铃，陈卫平，焦文涛，等. 2012. 北京市再生水的公众认知度评估. 环境科学，12：
　　4133-414.

张旭明. 2006. 超滤和反渗透在电厂中水回用技术中的应用. 工业水处理，(6)：82-83.

张学伟. 2017. 我国地下水资源开发利用现状及保护措施探讨. 地下水，(3)：55-56.

张永晖. 2013. 以色列的污水处理与回收产业及合作建议. 中国水利，(1)：63-64.

赵德银，马馨悦，马有龙，等. 2017. 塔河油田高矿化度污水电解氧化处理实验. 油气田地面
　　工程，36 (3)：27-30.

赵立. 2020. 西安市中水利用现状分析及对策研. 水资源开发与管理，(3)：49-51，84.

赵楠. 2020. 生物膜法在市政污水处理中的应用研究. 节能与环保，(3)：89-90.

钟玉秀，王亦宁，李培蕾，等. 2015. 对实施再生水利用"以奖代补"政策的思考和建议. 中
　　国水利，(13)：1-3.

周彤. 2001-07-01. 污水回用是解决城市缺水的根本途径. https：//www.h2o-china.com/paper/
　　3199.html.

周彤. 2003-10-01. 实施新规范，建好回用工程. https：//www.h2o-china.com/paper/5265.html.

朱慧峰，顾慧人. 2005. 上海市污水厂出水用于地下水回灌探讨. 中国给水排水，4 (21)：
　　91-93.

Bahri A. 2001. 突尼斯和中东国家再生水灌溉实践. 北京：21 世纪国际城市污水处理及资源化
　　发展战略研讨会.

Metcalf & Eddy AECOM. 2011. 水回用问题、技术与实践. 文湘华，王建龙，等译. 北京：清华
　　大学出版社.

Asano T. 1998. Wastewater Reclamation and Reuse. New York：CRC Press.

Asano T, Bahri A. 2011. Global challenges to wastewater reclamation and reuse. On the Water Front,
　　2：64-72.

Asano T, Levine A D. 1996. Wastewater reclamation, recycling and reuse：Past, present and future.
　　Water Science and Technology, 33：1-14.

Bischel H N , Lawrence J E , Halaburka B J , et al. 2013. Renewing urban streams with recycled water for streamflow augmentation: hydrologic, water quality, and ecosystem services management. Environmental Engineering Science, 30 (8): 455-479.

Briggs M R J K. 2001. Balances of water, carbon, nitrogen and phosphorus in Australian landscapes. CSIRO Land and Water: 1-37.

Chang D, Ma Z. 2012. Wastewater reclamation and reuse in Beijing: Influence factors and policy implications. Desalination, 297: 72-78.

Chen C W. 2020. Improving circular economy business models: Opportunities for business and innovation: A new framework for businesses to create a truly circular economy. Johnson Matthey Technology Review, 64 (1): 48-58.

Chen W, Lu S, Pan N, et al. 2015. Impact of reclaimed water irrigation on soil health in urban green areas. Chemosphere, 119: 654-661.

Chen Z, Ngo H H, Guo W S. 2013. A critical review on the end uses of recycled water. Crit Rev Environ Sci Technol, 43: 1446-1516.

Dantas R F, Carme Sans , Santiago E. 2011. Ozonation of Propranolol: Transformation, Biodegradability, and Toxicity Assessment. Journal of Environmental Engineering, 137 (8): 754-759.

De la Cruz N, Giménez J, Esplugas S, et al. 2012. Degradation of 32 emergent contaminants by UV and neutral photo- fenton in domestic wastewater effluent previously treated by activated sludge. Water Research, 46 (6): 1947-1957.

Esplugas S, Bila D M, Krause L G T. 2007. Ozonation and advanced oxidation technologies to remove endocrine disrupting chemicals (EDCs) and pharmaceuticals and personal care products (PPCPs) in water effluents. Journal of Hazardous Materials, 149 (3): 631-642.

Fan Y P, Chen W P, Jiao W T, et al. 2013. Cost-benefit analysis of reclaimed wastewater reuses in Beijing. Desalin. Water Treat, 53 (5): 1224-1233.

Friedler E. 2001. Water reuse —— an integral part of water resources management: Israel as a case study. Water Policy, 1 (3): 29-39.

Garcés M F E. 2019. Climate and Sustainable Development for All. https://www.un.org/pga/73/2019/03/28/climate-and-sustainable-development-for-all/.

Gerhardt M B, Gerrn F B, Newma R D, et al. 1991. Removal of selenium using a novel algal bacterial process. Research Journal of the Water Pollution Control Federation, 63 (5): 799-805.

Gupta V K, Ali I, Saleh T A, et al. 2012. Chemical treatment technologies for wastewater recycling—an overview. Rsc Advances, 2 (16): 6380-6388.

Haruvy N. 2006. Reuse of wastewater in agriculture—economic assessment of treatment and supply alternatives as affecting aquifer pollution//Benoit M, Igor L. Environmental Security and Environmental Management: The Role of Risk Assessment. Houten, the Netherlands: Springer, 257-262.

IPCC. 2021. Summary for Policymakers. Climate Change 2021: The Physical Science Basis.

Contribution of Working Group I to the Sixth Assessment Report of the Intergovernmental Panel on Climate Change. Cambrdige, UK: Cambrdige University Press.

Jawahir I S, Bradley R. 2016. Technological elements of circular economy and the principles of 6R-based closed-loop material flow in sustainable manufacturing. Procedia CIRP, 40: 103-108.

Jimenez B, Asano T. 2008. Water Reuse: An International Survey of Current Practice, Issues and Needs. Water Inteligence Online, 7.

Kivaisi A K. 2001. The potential for constructed wetlands for wastewater treatment and reuse in developing countries: a review. Ecological Engineering, 16: 545-560.

Kummerer K, Skoog D A, West D M, et al. 2007. Ozonation and advanced oxidation technologies to remove endocrine disrupting chemicals (EDCs) and pharmaceuticals and personal care products (PPCPs) in water effluents. Journal of Hazardous Materials, 149 (3): 631-642.

Kuo C Y, Wu C H, Wu J T, et al. 2015. Synthesis and characterization of a phosphorus-doped TiO_2 immobilized bed for the photodegradation of bisphenol A under UV and sunlight irradiation. Reaction Kinetics Mechanisms & Catalysis, 114 (2): 753-766.

Kıdak R, Doğan Ş. 2018. Medium-high frequency ultrasound and ozone based advanced oxidation for amoxicillin removal in water. Ultrasonics Sonochemistry, 40 (Part B): 131-139.

Laws B V, Dickenson E R V, Johnson T A, et al. 2011. Attenuation of contaminants of emerging concern during surface-spreading aquifer recharge. Science of the Total Environment, 409 (6): 1087-1094.

Li F Y, Wichmann K, Otterpohl R. 2009a. Review of the technological approaches for grey water treatment and reuses. Science of the Total Environment, 407 (11): 3439-3449.

Li F, Wichmann K, Otterpohl R. 2009b. Evaluation of appropriate technologies for grey water treatments and reuses. Water Science and Technology, 59 (2): 249-260.

Li J, Cao Y M, Li M. 2007. Current situation and development direction of municipal wastewater reuse. China Water Transport, 7 (9): 113-114.

Li S, Ao X, Li C, et al. 2020. Insight into PPCP degradation by UV/NH_2Cl and comparison with UV/NaClO: Kinetics, reaction mechanism, and DBP formation. Water Research, 182: 115967.

Limaye S D. 2004. Some aspects of sustainable ground water development in South Asia. Hefei, China: International Conference on Research Basins and Hydrological Planning.

Martín J, Iturrospe A, Cavallaro A, et al. 2017. Relaxations and relaxor-ferroelectric-like response of nanotubularly confined poly (vinylidene fluoride). Chem Mater, 29 (8): 3315-3525.

Matengu B, Xu Y X, Tordiffe E. 2019. Hydrogeological characteristics of the Omaruru Delta Aquifer System in Namibia. Hydrogeology Journal, 27 (3): 857-883.

Nakada N, Shinohara H, Murata A, et al. 2007. Removal of selected pharmaceuticals and personal care products (PPCPs) and endocrine-disrupting chemicals (EDCs) during sand filtration and ozonation at a municipal sewage treatment plant. Water Research, 41 (19): 4373-4382.

Nurdogan Y, Oswald W J. 1996. Tube settling of high-rate pond algae. Water Science & Technology, 33 (7): 229-241.

Oller I, Malato S, Sanchez- Perez J A. 2011. Combination of advanced oxidation processes and biological treatments for wastewater decontamination-A review. Science of the Total Environment, 409: 4141-4166.

Plumlee M H, Gurr C J, Reinhard M. 2012. Recycled water for stream flow augmentation: Benefits, challenges, and the presence of wastewater- derived organic compounds. Science of the Total Environment, 438: 541-548.

Qu X, Alvarez P J J, Li Q. 2013. Applications of nanotechnology in water and wastewater treatment. Water Research, 47 (12): 3931-3946.

Radcliffe J C, Page D. 2020. Water reuse and recycling in Australia- history, current situation and future perspectives. Water Cycle, 1: 19-40.

Reh L. 2013. Process engineering in circular economy. Particuology, 11 (2): 119-133.

Reuters. 2021. Reactions to landmark U. N. climate science report.

RWTH Aachen University, Department of Chemical Engineering, RWTH- IVT. 2006. AQUAREC- EVK1- CT- 2002- 00130: Final Project Report. Aachen: RWTH Aachen University.

Salgado R, Marques R, Noronha J P, et al. 2012. Assessing the removal of pharmaceuticals and personal care products in a full- scale activated sludge plant. Environmental Science and Pollution Research, 19 (5): 1818-1827.

Salgot M, Ertas E H. 2006. AQUAREC- EVK1- CT- 2002- 00130: Guideline for quality standards for water reuse in Europe.

Shemer H, Linden K G. 2006. Degradation and by- product formation of diazinon in water during UV and UV/H (2) O (2) treatment. Journal of Hazardous Materials, 136 (3): 553-559.

State of California. 2003. California Codes- Water code section 13050, subdivision (n). http://www. leginfo. ca. gov.

Takeuchi H, Tanaka H. 2020. Water reuse and recycling in Japan — History, current situation, and future perspectives-ScienceDirect. Water Cycle, 1: 1-12.

Ternes T A. 2003. Ozonation: a tool for removal of pharmaceuticals, contrast media and musk fragrances from wastewater? Water Research, 37 (8): 1976-1982.

The European Parliament and the Council. 2000. Directive 2000/60 / EC of the European Parliament and of the Council of 23 October 2000. Official Journal of the European Communities, L327: 1-71.

United Nations Environment Programme. 2015- 11- 10. Good practices for regulating wastewater treatment: Legislation, policies and standards. http://unep. org/gpa/documents/publications/GoodPracticesfor-RegulatingWastewater. pdf.

United States Environmental Protection Agency (USEPA). 2012. 2012 Guidelines for Water Reuse.

Urkiaga A, Fuentes L, Bis B, et al. 2008. Development of analysis tools for social, economic and ecological effects of water reuse. Desalination, 218 (1/3): 81-91.

Wang Y, Zhang H, Zhang J H, et al. 2011. Degradation of tetracycline in aqueous media by ozonation in an internal loop-lift reactor. Journal of Hazardous Materials, 192 (1): 35-43.

Wang Z, Li J S, Li Y F. 2017. Using reclaimed water for agricultural and landscape irrigation in

China：A review. Irrigation and Drainage，66（5）：672-686.

Watanabe N，Bergamaschi B，Loftin K A，et al. 2010. Use and environmental occurrence of antibiotics in freestall dairy farms with manured forage fields. Environmental Science & Technology，44（17）：6591.

Whiteoak K，Boyle R，Wiedemann N. 2008. National Snapshot of Current and Planned Water Recycling and Reuse Rates. Australia：Marsden Jacob Associates.

WHO. 2001. Guidelines for the Safe Use of Wastewater，Excreta and Greywater，Volume 2：Wasterwater Use in Agriculture. Geneva.

WHO. 2004. Guidelines for the Safe Use of Wastewater，Excreta and Greywater，Volume 3：Wastewater and Excreta Use in Aquaculture. World Health Organization. Geneva.

WHO. 2005. Guidelines for the Safe Use of Wastewater，Excreta and Greywater，Volume 4：Excreta and Greywater Use in Agriculture. World Health Organization. Geneva.

WHO. 2006. Guidelines for the Safe Use of Wastewater，Excreta and Greywater，Volume 1：Policy and Regulatory Aspects. Albany.

World Commission on Environment and Development. 1987. Our Common Future. Oxford：Oxford University Press.

Yahya M S，Oturan N，Kacemi K E，et al. 2014. Oxidative degradation study on antimicrobial agent ciprofloxacin by electro-fenton process：Kinetics and oxidation products. Chemosphere，117：447-454.

Yi L L，Jiao W T，Chen X N，et al. 2011. An overview of reclaimed water reuse in China. Journal of Environmental Science，23（10）：1585-1593.

Yoon Y，Westerhoff P，Snyder S A，et al. 2006. Nanofiltration and ultrafiltration of endocrine disrupting compounds，pharmaceuticals and personal care products. Journal of Membrane Science，270（1-2）：88-100.

Zhang W L，Wang C，Li Y，et al. 2014. Seeking sustainability：Multiobjective evolutionary optimization for urban wastewater reuse in China. Environmental Science & Technology，48（2）：1094-1102.